卷首语

　　铁线莲是一种神奇的植物，它原产于中国，本是一种朴素的山间植物，19世纪被欧洲人带到欧洲和美国，进行反复的杂交后，形成了大量优美的园艺品种。一百多年后它再次被人们所认识，昔日的乡村少女脱胎换骨化身为华美绝伦的藤本皇后，以她颠倒众生的能力，成为建造欧风花园必不可少的植物元素。这期的《花园MOOK·铁线莲号》就将为你全方位解析铁线莲的魅力，讲解铁线莲的栽培秘密。

　　对于初学者来说，最让人发愁的是面对数百种铁线莲无从选起，本期的《"陌上花论坛最爱铁线莲投票"结果大公开》，将通过高人气论坛陌上花的百名花友投票以及版主倩妹儿的实战点评，帮你选出最爱的铁线莲。

　　栽培铁线莲另一个让人担心的问题是花儿虽美却不易栽，特别是最近流行的重瓣大花型铁线莲。面对这种具有独特魅力的植物，铁线莲达人米米将在《华丽、纯美、如诗如画的重瓣大花型铁线莲》一文中，从栽培基础、盘绕技巧、病虫害管理等各个方面，为我们详解米米大神的养铁秘诀。

　　要想充分表现铁线莲的魅力，精巧的藤架、豪华的拱门、优雅的花园家具必不可少，本期的《花园里的三大件让我的花园更美好》专辑里，我们将欣赏几座美园，学习把这些花园大部头引入花园的方法。

　　对于城市里的公寓族，我们来看看一个熟悉又长盛不衰的花卉品种——洋兰，这里我们可以学到在家庭各个场合摆放洋兰盆栽的好创意。无论是餐厅、书房，还是客厅、卧室，都可以成为洋兰大展身手的舞台，甚至洗手间也不例外！

　　在食品安全问题日益凸显的今天，越来越多的人选择了自己种菜。原汁原味的瓜果、新鲜采摘的嫩叶，着实让人垂涎欲滴。这期的《从零开始的收获花园》，教我们如何打造私家菜园。一座布置合理又美观的菜园，不仅是一道风景，也是家庭安全与健康的靠山。

　　在花园知识部分，我们可以学习到黄金比例在花园中的运用以及常绿植物的品种。最后，我们还将追随绿手指北海道花园研修之旅的团友们，来一趟纸上的花园研修……

　　又一个造园季到了，在这个新的季节里是迎接美轮美奂的藤本皇后，还是进行菜园大改造，亦或只是在室内增加一个洋兰小品？无论你做出哪一个选择，都请和《花园MOOK》一起展开新的园艺旅程吧！

《花园MOOK》编辑部

图书在版编目（CIP）数据

花园 MOOK·铁线莲号 / 日本 FG 武藏编著；花园 MOOK 翻译组译 . — 武汉：湖北科学技术出版社，2017.6
（2018.6 重印）

ISBN 978-7-5352-9410-4

Ⅰ．①花… Ⅱ．①日… ②花… Ⅲ．①观赏园艺—日本—丛刊 Ⅳ．① S68-55

中国版本图书馆 CIP 数据核字（2017）第 114127 号

"Garden And Garden" —vol.19、vol.27

@FG MUSASHI Co.,Ltd. 2006,2008

All rights reserved.

Originally published in Japan in 2012,2011 by FG MUSASHI Co.,Ltd.

Chinese (in simplified characters only) translation rights arranged with

FG MUSASHI Co.,Ltd. through Toppan Printing Co., Ltd.

主办：湖北长江出版传媒集团有限公司
出版发行：湖北科学技术出版社有限公司
出版人：何龙
编著：FG 武藏
特约主编：药草花园
执行主编：唐洁
翻译组成员：陶旭　白舞青逸　末季泡泡
　　　　　MissZ　64m　糯米　药草花园　久方
本期责任编辑：许可

渠道专员：王英
发行热线：027 87679468
广告热线：027 87679448
网址：http://www.hbstp.com.cn
订购网址：http://www.hbkxjscbs.tmall.com

封面设计：胡博
2017 年 6 月第 1 版
2018 年 6 月第 2 次印刷
排版：梧桐葳创意传播有限公司
印刷：武汉市金港彩印有限公司
定价：48.00 元

本书如有印刷、装订问题，请直接与承印厂联系。

欢迎加入 QQ 群
"绿手指园艺俱乐部
235453414"

花园**MOOK**·铁线莲号
CONTENTS　vol.06

主编者介绍：杉本公造

（春日井园艺中心代表）

　　1939 年生于日本爱知县，从东京农大毕业后开始在土岐市经营春日井园艺中心。国际铁线莲协会理事、日本铁线莲协会顾问。主要著作有《铁线莲 12 个月栽培手册》《园艺 21：藤本植物花园》等。

Pick Up Plants

让花园变得更出色

铁线莲的甜美预感

情调万千的花色与灵动的姿态——
让人恍惚感觉似曾梦里相识。
近年来铁线莲越来越得到大家的喜爱！
"这个不错，那个也喜欢。"
个个迷人，
品种多得让人难以置信。
这里与你分享铁线莲的魅力，
并介绍一些优秀的铁线莲品种。
把让人心动不已的"命运之约"带回自己的花园，
让它为你带来甜蜜的时光吧！

超喜欢！铁线莲
首先学习栽培管理

在找到属于你的品种之前，先来了解基础的栽种知识。观赏铁线莲分为很多品种组，每个品种组的开花方式稍有不同。首先学习各个品种组通用的基本知识和栽种方法吧。

同时请参照p.17中的通用栽种日历。

重要的是修剪！了解品种的属性

铁线莲基本上喜欢日照充足的地方，需要选择每天至少有4~5小时阳光可以照到枝梢部位的地方栽种。栽种时间最好避开极热或极冷的季节，从春季算起的话，3—4月是最好的时期。其他季节可以选择2月下旬至3月上旬或天气开始转凉的9月下旬至10月上旬来移栽。由于其根系比较脆弱，所以请按照右上图中的方法进行定植。

另外，铁线莲属喜肥植物，所以大约每两个月就需要追施一次缓释型固体肥料，在生长旺盛期还要每个月补充两三次液体肥料。

而且，在栽培铁线莲时需要特别重视修剪。要注意每个品种组的开花习性不同，修剪方法也有所不同，如果修剪方法不当的话会影响来年的坐花状况。修剪的时机通常是在花后和冬季休眠期间。请参考右下图进行基本的冬季修剪。在下面各品种组的内容介绍中也分别注明了花后的修剪方法，希望这些内容可以帮你种出迷人的铁线莲来。

定植

定植时需要埋住1~2节。由于铁线莲是直根性植物，所以会在比较深的部位展开根系，建议在移栽时注意不要破坏根系。

修剪位置

* 老枝条开花，一类修剪（轻度修剪）

这是在前一年长出枝条的节上开花的早花类型。仅需修剪掉枯枝和没有花芽的过细枝条。修剪时保留两节枝条。

品种：蒙大拿组（Montana Group）、长瓣铁线莲组（Atragene Group）、卷须铁线莲组（Cirrhosa Group）、常绿铁线莲组（Oceania Group）。

* 新老枝条开花，二类修剪（中度修剪）

这个类型从前一年长出的枝条（老枝）的节上坐花，花后进行修剪的话会发出新芽而在秋季开花（可以轻度修剪，也可以重度修剪）。

品种：大花铁线莲组（Patens Group）、毛叶铁线莲组（Lanuginosa Group）、佛罗里达组（Florida Group）。

* 新枝条开花，三类修剪（重度修剪）

这个类型是前一年长出的枝条枯萎后，从接近地面的地方发出新芽，从各个节处或枝梢开花。需要从植株底部保留壮芽后修剪。

品种：杰克曼尼组（Jackmanii Group）、意大利铁线莲组（Viticella Group）、德克萨斯组（Texensis Group）、壶形铁线莲组（Viorna Group）、全缘铁线莲组（Integrifolia Group）、大叶铁线莲组（Heracleifolia Group）、甘青铁线莲组（tangutica Group）、华丽杂交铁线莲组（Flammula Group）、钝萼铁线莲组（Vitalba Group）。

冬季修剪

铁线莲各品种组的修剪方法不同，这里介绍1—2月进行冬季修剪的方法。修整株形有助于来年春天开花。卷须铁线莲组（Cirrhosa Group）为冬季开花，所以不进行冬季修剪，而是在4—5月时进行春季修剪。

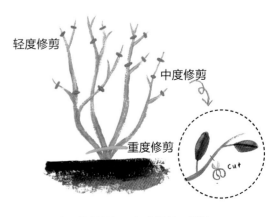

轻度修剪

中度修剪

重度修剪

cut

由于修剪的切口处会枯萎，所以要在节间修剪，留出足够长的枝条来。

铁线莲的8种花园运用方案

当你终于找到了自己中意的品种，还需要充分了解铁线莲的造景方法才能发挥最大的效果。这里介绍几种让铁线莲显得更加美观的花园运用方案。快来看看哪款最适合你家的花园吧！

1 挡住排雨管，营造出亮丽的饰边效果

使用中大花形的铁线莲品种遮挡排雨管，打造华美效果。这种方案要注意避免用藤本月季或蒙大拿铁线莲等重量过大的品种。

2 展现丰富表情的自然方案

将佛罗里达组的'绿玉'牵引到树上，美丽的重瓣花朵为门前装点得生机勃勃。由于这个品种生命力旺盛，所以可以与树木自然融合在一起，效果很好。

3 用铁线莲与月季交叉装饰栅栏

选用同色系的月季和中大花品种的铁线莲牵引在围栏上，每当开花季节，两种艳丽的花色交相辉映、持续开放。

4 在颇具野趣的角落里，纤美的花姿让人不禁驻足流连

全缘铁线莲最大的特色是开出可爱的半吊钟形小花。清丽的花姿优美动人，可以营造出丰富的野趣。

5 栽种区域狭窄的进门处用华丽的拱门装点起来

选择中大花铁线莲和英国月季'雪雁'，一起牵引在拱门上。由于其生命力旺盛，也可以使用花盆来种植。一扫植株下方空荡荡的感觉，美感十足。

6 在墙面上展现花之美好，宛若展开生动的画卷

在植株脚下种植玉簪或圣诞月季等绿化效果好的宿根植物，将墙面上的花色与花姿衬托得更加优美动人。

7 与空间完美融合，增加美好旋律

绿叶植物较多的花园有可能感觉过于平淡，这时可以设置花架以打造高低落差，并在上面牵引大花铁线莲作为焦点。

8 试试把几个品种组合在一起，增加华丽效果

将浅紫色的杰克曼尼组与深紫色的意大利铁线莲组搭配在一起的效果非常好，这两组都是强健品种，可以在藤架上持续开花很长时间。

按照品种组娓娓道来
了解更多铁线莲的世界

铁线莲各品种组的开花方式不同, 其魅力也是千差万别。
这里介绍各自的特征和养护要点, 并揭示美的秘密。

对于花色丰富的中大花品种组来说, 需要尽量压制背景的色调, 以更加突出花的存在感。

中大花<早花>组

Patens Group

大花铁线莲组

早开大花。花色及花形丰富, 是非常耐看的高人气品种组。易开花, 每年4—5月在老枝开花。如果花后修剪, 则5—10月可以不断开花。最适于栅栏或花格栽培。

Data

开花方式: 老枝开花。
坐花方式: 枝梢开花, 之后在下面的各节开花。
属　　性: 四季开花。
冬季修剪: 轻度修剪。
花后修剪: 花下1~2节处修剪, 40日左右复花。

Lanuginosa Group

毛叶铁线莲组

中花到大花, 四季开花性强。原产于中国, 据说同名亲本已灭绝。植株强健, 前一年的枝条和当年枝条都会坐花。最适于墙面、栅栏、藤架等处种植。

Data

开花方式: 新老枝开花。
坐花方式: 头茬花在枝梢开花, 之后在下面的各节开花。
属　　性: 四季开花。
冬季修剪: 中度修剪 (任意)。
花后修剪: 可轻度修剪也可重度修剪。重度修剪的话在头茬花后将当年生长的枝条留1/3后修剪, 60日左右后复花。轻度修剪则在花下1~2节处修剪, 40日左右后复花。

'爱诺露' ('Ai-Nor')

花期: 5—9月
花直径: 12~15cm
株高: 2~2.5m
节节开花, 花朵高雅。

'安卓梅达' / '仙女座' ('Andromeda')

花期: 5—9月
花直径: 15~20cm
株高: 2.4~3m
植株生长状况好时可开出半重瓣花来。

'红星'（'Red Star'）

花期：5—6月
花直径：12~15cm
株高：1.5~2.5m
花瓣层数多的重瓣花，
四季开花性强。

'玛利亚'（'Maria Louise Jensen'）

花期：5—9月
花直径：10~14cm
株高：1.5~2.8cm
蓝紫花色，花瓣尖端颜色加深，花瓣为
剑瓣且边缘带有褶皱。

'女高音卡娜娃'（'Kiri Team Kanawa'）

花期：5—9月
花直径：12~15cm
株高：1.8~2.4m
枝条不会伸展得过长，紫色重瓣，四季开花性强。

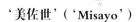

'土岐'（'Toki'）

花期：5—10月
花直径：12~15cm
株高：1~1.5m
初开时花瓣边缘略带颜色，
之后变成纯白色。

'美佐世'（'Misayo'）

花期：4—5月
花直径：12~15cm
株高：1.2~1.5m
花瓣边缘为蓝紫色，中央为白色，相
互映衬得非常优美。

中大花＜晚花＞组

杰克曼尼组

Jackmanii Group

这是意大利铁线莲组与大花铁线莲组的杂交品种。枝条从5月下旬开始生长，节节开花，长势旺盛，强壮易栽培。花期长且坐花状况好，最适合拱门或栅栏等处。花后及时修剪则可不断开花至秋季。

多花且花色优美，可以用于很多颜色搭配，单株就可以种出可观的规模来。

Data

开花方式：新枝开花。
坐花方式：头茬花在枝梢开花，之后在下面的各节开花。
属　　性：四季开花。
冬季修剪：重度修剪。
花后修剪：从地面起留2~3节修剪，40~50日后开二茬花。之后从地面起留1~2节修剪。

'赫尔丁'／'冰姣'（'Huldine'）

花期：6—10月
花直径：6~8cm
株高：3~4m
花朵呈珍珠白色，多花且生长旺盛。

'中提琴'（'Viola'）

花期：6—9月
花直径：13~15cm
株高：1.8~2.3m
蓝紫色尖瓣花，节节开花，强健品种。

'查尔斯王子'（'Prince Charles'）

花期：6—9月
花直径：6~10cm
株高：2.2~3.2m
水粉蓝色的小花横向开放。

'白色查尔斯王子'（'White Prince Charles'）

花期：6—9月
花直径：6~10cm
株高：2.2~3.2m
中花多花，生长旺盛，适于栅栏及拱门等处。

'包查伯爵夫人'（'Comtesse de Bouchaud'）

花期：6—10月
花直径：8~12cm
株高：2~3m
花瓣一端外翻，中花多花型品种。

意大利铁线莲组

植株整体开满横向或向下开的小花，是耐热性和耐寒性都非常优秀的强健品种。开花期长，如果注意花后修剪则可以陆续开花至秋季。最适合种在拱门、藤架、栅栏、墙面等处。

多花且花色优美，可以用于很多颜色搭配，单株就可以种出可观的规模来。

Data

开花方式：新枝开花。
坐花方式：在当年长出的新枝上自下而上、节节开花。
属　　性：四季开花。
冬季修剪：重度修剪。
花后修剪：从地面起留2~3节修剪则40~50日后开二茬花。之后从地面起留1~2节修剪。

'卡梅西塔'（'Carmencita'）

花期：6—9月
花直径：8~12cm
株高：2.5~3m
花瓣根部为白色，与花朵的深红色呈鲜明对比煞是好看，多花型强健品种。

'朱莉娅夫人'（'Madame Julia Correvon'）

花期：6—9月
花直径：7~10cm
株高：2.5~3.5m
花瓣与花心颜色形成鲜明的对比，美丽且强健的品种。

'宝塔'（'Pagoda'）

花期：5—10月
花直径：4~6cm
株高：3~4m
浅粉色花上带有红紫色脉络，植株强健且坐花状况好。

'迈克莱特'（'Mikelite'）

花期：6—9月
花直径：8~12cm
株高：2.5~3m
花色深红，横向开放，强健多花型品种。

'爱涛玫瑰'/'玫瑰之星'（'Etoile Rose'）

花期：5—10月
花直径：3~5cm
株高：3~4m
铃铛形可爱小花相继开放，是强健的四季开花品种。

蒙大拿组

植株整体开满粉色或白色小花。由于这一组品种耐热性差，在夏季炎热地区要注意种在北侧，且选择排水性好的土质。观赏效果一年胜过一年，最适合种在拱门、藤架、栅栏等处。

轻度修剪即可，蒙大拿组铁线莲能在花园中大量开花。

Data

开花方式：老枝开花。
坐花方式：在往年的枝条上大量坐花。
属　　性：单季开花。
冬季修剪：轻度修剪（只剪除枯枝等）。
花后修剪：如果植株长势偏乱，则在花后剪掉植株的2成左右来调整株形。

'芙蕾达'（'Freda'）

花期：4—5月
花直径：5~6cm
株高：2~3m
此品种为这一组中最红的花色，叶子上也稍带红色。

'报春花星'（'Primrose Star'）

花期：4—5月
花直径：4~6cm
株高：3~5m
稍带乳黄色的白色重瓣品种，坐花状况好。

'鲁本斯'（'Rubens'）

花期：4—5月
花直径：4~6cm
株高：4~6m
生长旺盛，开花状况好，带有甜香味道。

佛罗里达组

中国原产的'幻紫'也属于这一组。夏季会一度休眠，春季到初夏及秋季可以持续开花，开花期长。以'幻紫'及杂交品种'绿玉'为亲本产生了很多新品种，其中重瓣居多。最适于种植在藤架、拱门、栅栏等处。

'绿玉'（'Alba Plena'）

花期：5—11月
花直径：5~10cm
株高：2.5~3m
俗称"小绿"，是幻紫的枝变异品种，花瓣层数非常多。

'幻紫'（'Clematis florida'）

花期：5—11月
花直径：8~12cm
株高：2~3m
花色从初开的浅绿色逐渐变为白色，多花。

Data

开花方式：新老枝开花。
坐花方式：往年的枝条及当年生长的枝条上坐花。
属　　性：四季开花。
冬季修剪：中度修剪（任意）。
花后修剪：可以轻度修剪也可以重度修剪。重度修剪的情况下，头茬花开过后将当年生长的枝条保留1/3进行修剪，约60日后复花；轻度修剪的情况下，从花下1~2节修剪，约40日后开二茬花。

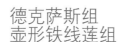

小花型，样子
楚楚动人，虽然颜色
是艳色系，但也不给
人夸张的印象，非常
柔和秀气。

德克萨斯组
壶形铁线莲组

德克萨斯组、壶形铁线莲组的花朵为铃铛形，
朝上或朝下开花。春季至秋季在当年长出的枝条上
坐花。喜光照，耐寒性、耐热性强，冬季地上部分枯
萎。最适合种植在拱门等处。

Data

开花方式：新枝开花。
坐花方式：在叶腋处坐花，自下而上相继开放。
属　　性：四季开花。
冬季修剪：重度修剪。
花后修剪：从地面起保留2~3节重度修剪后50~60日开二茬
花，其后直至8月中旬都重度修剪。

'格拉芙美女'
('Gravety Beauty')

花期：5—10月
花直径：6~8cm
株高：3~4m
郁金香状鲜红色花非常抢眼。

'戴安娜公主'('Princess Diana')

花期：5—10月
花直径：4~6cm
株高：2~3m
多花型，吊钟形花横向开放。

'卡伊舞'('Kaiu')

花期：5—10月
花直径：2~3cm
株高：3~4m
花瓣厚实，是罕见的白色壶形品种。

长瓣铁线莲组

半钟形单瓣-重瓣小花，向下开放。属高山
铁线莲或长瓣铁线莲。春季在老枝上坐花，但在
当年生长的枝梢上会单朵开花。夏季不耐热，最
适于盆栽或种植在排水性好的花坛等处。

'白娘子'('White Lady')

花期：5—10月
花直径：10~15cm
株高：2.2~3.5m
花色及花形变化丰富，植株强
壮时开半重瓣花。

Data

开花方式：老枝开花。
坐花方式：节节坐花。
属　　性：较弱的四季开花。
冬季修剪：轻度修剪。
花后修剪：从花下2~3节进行轻度修剪，剪后60~80
日开二茬花。

'威塞尔顿'('Wesselton')

花期：4—9月
花直径：6~8cm
株高：2~3m
重瓣花，花色清爽，非常少见。

全缘铁线莲组

　　直立型或半藤本型，半吊钟形花朵。从春季陆续开花至秋季。可以种植在花坛等处，也可以作为鲜切花。冬季地上部分枯萎，发出枝条过多的话可能会有些枝条不坐花，故需要适当控制枝条数量。

清秀的花姿独具魅力，可以与宿根花卉搭配成片种植。

Data

开花方式：新枝开花。
坐花方式：头茬花开在枝梢，之后在下面的各节开花。
属　　性：四季开花。
冬季修剪：重度修剪。
花后修剪：从地面起留2~3节后重度修剪，剪后30~40日开二茬花。

'希瑟·赫塞尔'
（'Heather Herschell'）

花期：5—10月
花直径：5~6cm
株高：1.5~2m
枝条伸展旺盛，节节开花。

'哈库里'（'Hakurei'）

花期：5—10月
花直径：4~5cm
株高：0.6~0.7m
花朵向下绽放，花姿非常高雅，适于组合盆栽或花坛种植，带有芳香气味。

'浪漫'（'Romance'）

花期：5—9月
花直径：3~4cm
株高：0.4~0.6m
矮型植株，节节开花。四季开花。花朵朝下，花形非常可爱。

卷须铁线莲组

　　夏季休眠，自秋季开始生长开花，是冬季开花的铁线莲。与圣诞玫瑰相似，花朵朝下开放。耐热性强，但耐寒性不强，在寒冷地区需实施覆膜等防寒措施。适于盆栽或吊盆栽培。

Data

开花方式：老枝开花。
坐花方式：每节开出多朵花来。
属　　性：单季开花。
冬季修剪：轻度修剪（※4—5月轻度修剪，仅剪掉枯枝即可）。
花后修剪：基本上是去除残花，如果有不好的枯枝可以剪掉。

'卡丽熙娜'（'Calycina'）

花期：10月至次年3月
花直径：4~5cm
株高：2.5~3m
吊钟状花非常可爱，花瓣厚实，单花花期长。

'铃儿响叮当'（'Jingle Bells'）

花期：10月至次年2月
花直径：5~6cm
株高：2.5~3m
花朵初放时稍带绿色，之后逐渐转为白色。

常绿铁线莲组

开出很多白色小花的常绿铁线莲。原产于新西兰，耐寒性稍弱。锯齿形叶片非常有特色，春季开花，最适于栽种在小型容器或吊盆、吊篮中。

'小精灵'（'Pixie'）

花期：4—5月
花直径：1~2cm
株高：0.3~0.5m
直立型极小花品种，最适于栽种在吊盆或吊篮中。

Data

开花方式：老枝开花。
坐花方式：每节坐花多朵。
属　　性：单季开花。
冬季修剪：轻度修剪。
花后修剪：仅轻度修剪去除枯枝即可。

'银币'（'Cartmanii Joe'）

花期：4—6月
花直径：3~5cm
株高：0.8~1m
叶片有深裂，直立型植株，耐寒性强。

'大叶铁线莲'（'Clematis Heracleifolia'）

花期：7—9月
花直径：2~3cm
株高：约1m
紫色小花呈圆锥花序排列，最适于种植在花坛里。

大叶铁线莲组

直立株型到藤本株型都有。每逢6—9月，在当年生长的枝条上开出小花。耐寒性及耐热性都较强，植株强健易栽培。蓝色系的花色非常漂亮。最适于盆栽或在花坛等处点缀栽培。

Data

开花方式：新枝开花。
坐花方式：每节坐花多朵。
属　　性：单季开花。
冬季修剪：重度修剪（因为距次年开花的时间较长）。
花后修剪：仅摘掉残花即可。

'罗伯特·布瑞登夫人'（'Mrs. Robert Brydon'）

花期：7—10月
花直径：1~3cm
株高：1.5~1.8m
直立株型且生长旺盛。开出浅紫色的小花。

甘青铁线莲组

以黄色为基础色调，吊钟形花朵，生长旺盛，植株强健。从初夏至初秋之间除盛夏时节外都会陆续开花，非常耐看。适于地栽，最适于栽种在藤架、拱门、墙面等处，适宜在寒冷地区种植。

Data

开花方式：新老枝开花。
坐花方式：在叶腋处坐花，自下而上开花。
属　　性：单季开花。
冬季修剪：重度修剪。
花后修剪：保留植株整体的一半而进行修剪，40~60日后再次坐花。

'如步'
（'Triternata Rubromarginata'）

花期：6—10月
花直径：3cm
株高：2.5~4m
生长旺盛，小花多花型，带有芳香气味。

'黄铃'（'Lambton Park'）

花期：5—9月
花直径：5cm
株高：3~4m
金黄色花，散发椰子的甜香味道。

'阿妮塔'（'Anita'）

花期：6—9月
花直径：3~4cm
株高：2~4m
生长旺盛，开白色尖瓣花。

华丽杂交铁线莲组
小木通铁线莲组

包括从夏季至秋季开花的落叶品种（在温暖地区为半落叶）和春季开花的常绿品种（小木通铁线莲组等）。开十字形小花，多花耐看。生长旺盛，最适于栽种在藤架、拱门、墙面等处。

Data

开花方式：新枝开花（华丽杂交铁线莲组），老枝开花（小木通铁线莲组）。
坐花方式：在枝梢或叶腋坐花（华丽杂交铁线莲组），在叶腋坐花（小木通铁线莲组）。
坐花属性：单季开花-四季开花（华丽杂交铁线莲组），单季开花（小木通铁线莲组）。
冬季修剪：轻度修剪-重度修剪（华丽杂交铁线莲组），轻度修剪（小木通铁线莲组）。
花后修剪：落叶品种重度修剪。常绿品种则仅剪去枯枝即可。

'仙人草'（'Terniflora'）

花期：8—9月
花直径：2~3cm
株高：3~4m
生长旺盛，开出许多白色小花，带有芳香气味。

'苹果花'（'Apple Blossom'）

花期：3—4月
花直径：4~6cm
株高：4~5m
常绿性藤本，生长旺盛，带有甜香气味。

钝萼铁线莲组

　　开白色到淡黄色小花。生长旺盛，植株强健易栽培。多为单瓣花，多花，从夏季开始至秋季陆续开花，非常耐看。最适于栽种在栅栏、拱门、藤架、墙面等处。

'夏雪'（'Summer Snow'）

花期：7—9月
花直径：4~5cm
株高：3.5~8m
开出纯白色小花，颇富野趣，有芳香气味。

Data

开花方式：新枝开花。
坐花方式：多朵花成簇开放。
属　　性：单季开花。
冬季修剪：中度修剪~重度修剪。
花后修剪：仅剪去老枝及枯枝即可。

'牡丹蔓'（'Apiifolia'）

花期：8—9月
花直径：2cm
株高：4~6m
花瓣纤细，素美小花别有情趣，植株生长旺盛。

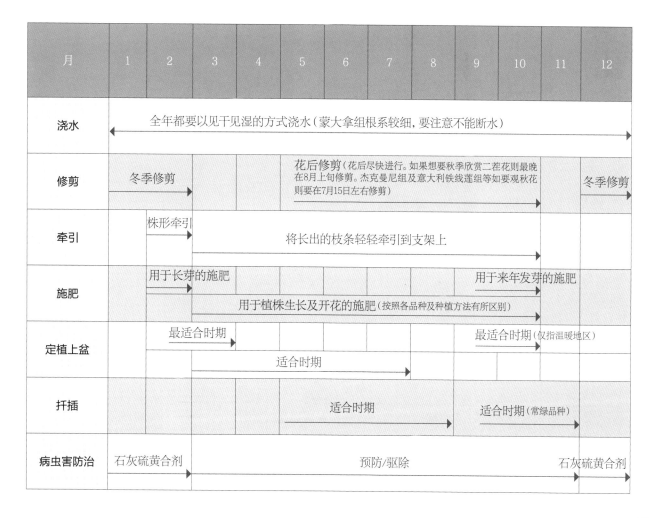

月	1	2	3	4	5	6	7	8	9	10	11	12
浇水	全年都要以见干见湿的方式浇水（蒙大拿组根系较细，要注意不能断水）											
修剪	冬季修剪				花后修剪（花后尽快进行。如果想要秋季欣赏二茬花则最晚在8月上旬修剪。杰克曼尼组及意大利铁线莲组等如要观秋花则要在7月15日左右修剪）							冬季修剪
牵引	株形牵引			将长出的枝条轻轻牵引到支架上								
施肥	用于长芽的施肥								用于来年发芽的施肥			
	用于植株生长及开花的施肥（按照各品种及种植方法有所区别）											
定植上盆	最适合时期								最适合时期（仅指温暖地区）			
	适合时期											
扦插				适合时期				适合时期（常绿品种）				
病虫害防治	石灰硫黄合剂			预防/驱除						石灰硫黄合剂		

凉亭、拱门和家具

花园里的三大件

Part1

凉亭、拱门和家具是布置美丽场景的关键
利用造型各异的大型装饰物进行绝妙的搭配，打造个性花园

Part2

你会选择哪一种呢？
用拱门或凉亭打造如诗画境

Part3

如何布置"杂货"花园
彻底分析如何利用大型装饰物布置出优美的小景

Big Item

特集

让我的花园更美好

大型装饰物如凉亭、拱门和家具的布置
能为花园设计带来张弛有度的变化感。
它的影响力巨大，不同的设计或不同的摆放方式
将使花园焕然一新。
如果想要适合的尺寸或独特的设计，
你也可以尝试DIY。
或者仔细考虑价格和设计后，
加入市面上能买到的装饰物。
用大型装饰物来装点花园，
打造出让人怦然心动的美景!

凉亭、拱门和家具是布置美丽场景的关键。

利用造型各异的装饰物进行绝妙的搭配，打造个性花园

在花园中可以布置
凉亭、拱门、家具、工具房等
造型各异的大型装饰物。
下面就为大家介绍
富有魅力的、场景层出不穷的
若干花园案例。

在绿意中装点花园的白色家具，给人清新自然的感觉。

双人座的铁艺长椅也由原来的黑色被漆成了白色，与白色的桌椅配套。

把休憩用的凉亭
装点成复古的杂货空间

①在漆成白色的凉亭中摆上石制的水果摆件和蜡烛台，这是主人非常喜欢的小角落。斑驳的杂货仿佛把人带回了旧日时光。②这个可爱的花盆描绘的是少男少女在小船中嬉戏的场景。花盆中满满地种着多肉植物，犹如一个自成一体的小世界。

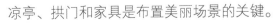

凉亭、拱门和家具是布置美丽场景的关键。

给买来的装饰物加上一点创意
让花园更具个性化

绿色小径的尽头
是惬意的休闲空间

　　穿过屋子边上的小径,就能看到被绿色植物围绕的长椅,让人不禁想停下脚步歇一歇。女主人原先就很喜欢室内设计,她希望打造一个"让自己感到舒适的空间",而置身于她的花园中也确实像在起居室一样,让人身心放松。虽然是以观叶植物为主,但女主人巧妙地把不同颜色和形态的观叶植物搭配在一起,让人眼前一亮。再搭配上浅色系的月季、白色的绣球花和复古色的铁线莲,给花园增添了许多雅致的色彩。高大的树木让视线延展,也使庭院看起来更宽敞。

　　使花园的气质提升的,不只是植物,还有各种装饰物。不论是夫妻俩一起制作的壁式喷泉、立式水龙头,还是在买来的装饰物上加上自己的创意,都彰显着主人的个性。花园入口设置着可关闭的屋顶式拱门。小路旁的拱门则把原有的长椅拆掉,摆上铁艺的喂鸟器,供人赏玩。刷漆用的也是手边有的材料,小到椅子,大到凉亭、工具小屋都重新上漆,使它们自然融入花园的各个角落。

　　对女主人而言,花园的每个角落都透露着主人气质,是一个令人安心的地方。从3年前开始,她把自己绿意盎然的花园对公众开放,治愈着每位来客的心灵。

手工制作的木质墙面更突显家具的美感

　　漆成浅绿色的长椅给人以优雅的感觉。手工制作的木质墙面与石板拼接而成的地面相得益彰,给人以温暖的感觉。

Big Item **Part 1**

凉亭、拱门和家具是
布置美丽场景的关键。
利用造型各异的装饰物进行绝妙的搭配,
打造个性花园。

穿过表情丰富的葡萄棚架,
不禁让人会心一笑

　　③夫妻俩还一同为特别订做的棚架漆上别致的深绿色。红色的铁线莲成为点睛之笔。④结满枝头的葡萄看起来娇嫩欲滴。

平冈宅

大型家具的摆放地图

在房子的四周布置各式大型装饰物，形成回廊式花园，让人流连忘返。打开入口处拱门门扉的一瞬间，想更深入了解的期待感骤然而生。

Shed

铁皮小屋

把铁皮小屋围上木头，再漆上自己喜欢的颜色。门上的金属铭牌和铁艺装饰是亮点。

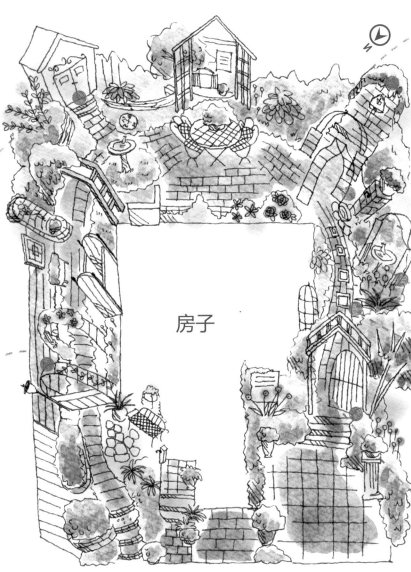

房子

手绘地图：Okamoto Mihoko

Arch & Door

拱门与门扉

打开拱门上的小门后，能看到被铁线莲缠绕的另一座拱门。这是为了让花园看起来更幽深。

Data

面积：约 150 ㎡

最近关注的植物：
宿根植物、观赏草

凉亭、拱门和家具是布置美丽
场景的关键。
利用造型各异的装饰物进行绝
妙的搭配，打造个性花园。

Arch & Birdbath

拱门与喂鸟器

把拱门原有的长椅拆掉，摆上
铁艺的喂鸟器。悬挂着的红萼藤盆栽
为这个角落增添了俏皮气息。

Arch

拱门

尖顶造型的拱门极具特色。再
缠绕上紫色的铁线莲和白色月季'白
梅兰'。

Wall fountain

壁式喷泉

用红砖手工砌起来的壁式喷泉。天使
雕像的喷泉口潺潺流出清泉，演奏出清凉
的乐章。

Path

小路

通向主花园的石板小路。小路
两边的瑰丽色彩和树荫让人着迷。

Arch & Door

拱门与门扉

入口处的木质三角拱门上绿意
盎然，还安上了复古门扉。各种月
季绽放出多彩的美丽。

利用造型各异的装饰物进行绝妙的搭配，打造个性花园。

植物与装饰品有机结合，
营造出舒适的环境

让拱门后的风景多姿多彩

①用白色木板围成L形的这个角落是女主人的最爱。到了5月，拱门上的藤蔓月季'科尼利亚'和铁线莲将争相开放。②墙上固定着木质隔板，陈列着酒瓶和绿植。

伫立在绿海中的小屋
是女主人最向往的风景

　　女主人曾经十分向往自然风的英式花园，她参照国外书籍中的花园，亲手制作拿手的花园家具，打造了让人目不暇接的花园美景。花园的三面都与邻居家临近，为了遮挡视线女主人亲手制作了木板墙和砖墙，而这些墙又为植物和杂货提供了极佳的展示场所。女主人喜欢的复古杂货、手工DIY的杂货，再搭配上组合盆栽，打造成妙趣横生的优美小景。

　　女主人的原则是，能够手工制作的就自己DIY。在这些手工作品中，她最得意的是那座被绿荫环绕的"伪装小屋"。把铁皮杂物间用杉木板围住，摇身一变成为国外书籍中常出现的西式小屋，不论是创意还是品位都让人佩服。在杉木板上，挂着的二手相框象征着窗户，流木的挂钩带来年代感，使小屋自然地融入花园的景色中，像这样用二手材料制作出花园杂货也是女主人所擅长的。一点创意加上一点手工，花园就有了无限变化的可能。

带长椅的自然风木制棚架

①连接主花园的细长小路上，设置着手工制作的长椅。主人习惯在做完花园工作后，在这里坐着休息一下。②花园的路口处安着小门，棚顶则缠绕着木香。

凉亭、拱门和家具是布置美丽场景的关键。
利用造型各异的装饰物进行绝妙的搭配，打造个性花园。

铁皮杂物间用木板围住，打造自然风小屋

不适合自然风格的铁皮杂物间用木板包围住。杂物间原先的单拉门也被伪装成双开门。

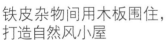

用风格独特的红砖砌成一面墙，更好地展示出盆栽的美丽

为了遮挡隔壁邻居的视线，主人用红砖砌成一面墙。砖墙上的空格给人疏落有致的感觉。还可以在空格处放上蜡烛。

大型家具的摆放地图

参照英国的自然风花园印象,女主人手工制作了许多花园家具。
年代感久远的小屋和木板墙等与植物融为一体,令人印象深刻。

Shed

小屋

用涂上清漆的杉木板制作成木板墙,覆盖住简易的杂物间。它获得过花园类杂志的"手工奖"。

Big Item

Part

1

凉亭、拱门和家具是布置美丽场景的关键。
利用造型各异的装饰物进行绝妙的搭配,打造个性花园。

Shelf

展示架

交错堆起的红砖上横放着花园中使用的枕木,打造出类似壁炉风格的装饰架。

Shelf

展示架

长椅侧面的展示架是男主人的手工作品,收纳兼展示今后需要用到的花盆和工具。

Pergola
花架

花园中央设立的凉亭上牵引着月季'藤冰山''遗产'和铁线莲等植物。

Arch
拱门

露台侧面设置的铁艺拱门上缠绕着忍冬和月季，郁郁葱葱。

Terrace
露台

杉木制作的露台顶上安装着树脂玻璃，让人同时享受到阳光房的趣味。顶棚上还挂着防晒用的布帘。

Cabinet
收纳间

收纳间的侧面安上木板，形成展示空间，装饰着旧货与植物。

Data

面积：约80㎡

最近关注的植物：
宿根植物、彩叶植物、大戟属植物

子

通向内花园手工制作
的小门给人以神秘感

花园的最深处蜿蜒的小路通向
位于左侧的内花园小门。设置小门能
使人更期待门后的风景。

亭榭风的棚架是月季的展示场

沿着房屋外墙设置的小型棚架是男主人的
DIY作品。藤本月季'龙沙宝石'覆盖在棚架上
部，形成诗画般的风景。

凉亭、拱门和家具是布置美丽
场景的关键。
利用造型各异的装饰物进行绝
妙的搭配，打造个性花园。

利用造型各异的装饰物进行绝妙的搭配，打造个性花园。

油漆颜色以青灰色为主，
营造出气质沉稳的雅致花园

手工制作的围栏和铺路石
让餐桌变得特别

位于花园深处的休息区域。放置着花园家具，脚下
是摆成圆形的红砖，让气氛升温。

正因为是手工制作的装饰物，
才能打造出这么理想的花园

拱门上部盛开着月季，下部点缀着彩叶植物，这是石山小
姐的花园给人的第一印象。主人说，原先的花园里种满了开花
植物，近年来开始关注彩叶植物，花园植物逐渐被绿色植物所
替换。一方面，继续种植长久以来细心照料的月季，另一方面
增添观叶植物让底部空间更充实。青铜色叶片的朱蕉、淡绿色
的知风草、带斑纹的玉簪、叶片蓬松的蕨类植物等，这些形态
各异的观叶植物如同绿色的绒毯般覆盖整个花园。

男主人手工制作的各种大型装饰物让细长形的花园看起来
更有魅力。拱门、小屋、棚架、通向内花园的小门等，这些被
漆成雅致颜色的装饰物散落在花园的各处。沿着小路，一处处
美景展现在来客的眼前，让人目不暇接。

放置了这么多大型装饰物，却让人感觉不到压迫感和拥挤
感，这正是手工制作的魅力。适合花园尺寸的装饰物和花园自
然地融为一体。统一的色调也使花园的风格得到提升。花草们
也在这高低错落的舞台上显得更加熠熠生辉。

充分利用狭长的地形，在尽头设置小屋
形成视线焦点。
中间设立的带有三角屋顶的拱门让花园
显得更加幽深。

大型家具的摆放地图

植物虽然是以绿色为主, 却因为主人在大型装饰物周围种满了月季, 使花园里有了让人目不暇接的缤纷色彩。

Shed
小屋

花园中的视线焦点。选择了能更好映衬绿色植物的深绿色涂漆。小屋内收纳着花园工具。

利用凉亭、拱门和家具是布置美丽场景的关键。
造型各异的装饰物进行绝妙的搭配, 打造个性花园。

Pergola & Bench
棚架与长椅

这个带有长椅的棚架是男主人的作品。木质网格既起到了阻挡邻居视线的作用, 又能作为常春藤的支架。脚边则种满了郁郁葱葱的耐阴植物。

房子

Bench
长椅

站在缠绕着月季的飘窗前，一眼就能看到这厚实的长椅。在花开的季节，这里摇身一变成为偶像剧般浪漫的场景。

Door & Arch
门扉与拱门

悬挂着复古油灯的木门与拱门，是两个花园的交界处。故事性十足的木门与拱门激发了来客无限的想象与期待。

Plate
铭牌

棚架上挂着写着女主人名字的木质铭牌。风格独特的小物装点着花园中的大型装饰物，富有情趣。

Shelf
展示架

既遮挡了室外机，又起到装饰效果的架子。这也是男主人的杰作。架子前摆放的小推车上放满了组合盆栽，俨然成为杂货的最佳展示场所。

Porch
玄关

入口的石板外墙上，牵引着2种月季和3种铁线莲，野趣十足。精心摆放的雕像和椅子吸引着来客的目光。

Data

面积：约 120 ㎡

最近关注的植物：彩叶植物、观赏草

利用造型各异的装饰物进行绝妙的搭配，打造个性花园。

精心设置的墙垣和小屋
让细长形的花园变得节奏明快

一边实验一边打理的
普罗旺斯风花园

6年前女主人购买了这户独栋住宅。房子建好之初，起居室正对面的空地什么都没有，一片荒芜。虽然没有任何园艺知识，只因为实在是太荒凉了，女主人就起了从杂志上学习花园家具等相关知识的念头，并开始了造园计划。

这个花园中最值得一看的是小小的隔断墙、栅栏和收纳小屋。数个大型装饰物的加入使整个花园变得立体起来。入口处附近砌起的约1.2m高的砖墙为花园带来一些温暖的气息。四周设立几个花架，用来摆放盆栽，既为此处

增添了花草的色彩，又能遮挡一部分视线，让人对花园内的美景更加期待。围绕花园设置的较高的栅栏，为花草提供了极佳的背景墙。栅栏的隔板上可以摆上盆栽，还可以挂上画框。各种植物与杂货交相呼应，形成令人心醉的画面。小路尽头是一座收纳小屋，而小屋前面则是各种花园美景。

女主人每天起床的第一件事就是先到花园，打理花园植物，然后开始清新的一天。

为了遮挡视线而建立的栅栏成了杂货的展示区

西南侧的栅栏。用木板钉成隔板，放置着多肉植物和印刷画。串起来的彩旗使画面显得更加生动。

凉亭、拱门和家具是布置美丽场景的关键。
利用造型各异的装饰物进行绝妙的搭配，打造个性花园。

园路尽头设立的收纳小屋
成为视线焦点

小路尽头的收纳小屋是"Dea's Garden"品牌的，主人非常喜欢，特意把它设置在视线的尽头，让人觉得花园更加幽深。

用低矮的墙隔断空间
让花园有了新的表情

隔断墙是施工公司帮忙搭建的，规整的地块因此有了变化，连盆栽看起来都更加漂亮了。

起居室正对面的栅栏上开了一扇白色的小窗，缓解了压迫感。花坛则是由夫妻俩手工制作的。深色的材料让月季'德国冰川'看起来更加娇艳。

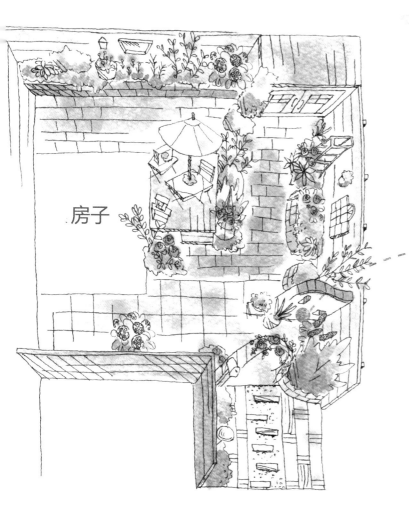

房子

大型家具的摆放地图

Arch

拱门

入口处设立了大型拱门，牵引着藤本月季'龙沙宝石'。让人等不及想看到枝条爬满拱门的那一刻。

Data

面积：约 100 ㎡

最近关注的植物：藤本月季与铁线莲

你会选择哪一种呢?

人气排名
前两名

用拱门或凉亭
打造如诗画境

在大型装饰物中，造园中最受欢迎的就是拱门和棚架。
在宽阔的花园中起到隔断的效果，让景色错落有致或是让狭长的
空间显得更加幽深。最受欢迎的两种大型装饰物，会让平面的空间变成
如诗画境。

在两栋房子中间设立的白色铁艺
拱门，成为连接两座花园的桥梁。在巧
克力色的六角屋顶和蓝天的背景下，月
季与铁线莲看起来更加鲜艳。

开始制定一个以打造有故事的花园
为目标的造园计划吧

　　6年前女主人新建了一栋乡村风格的住宅，梦想着打造一个能与住宅融为一体的有故事的花园。这栋住宅的标志性特点是巧克力色三角屋顶和蓝色的外墙，映衬着植物的绿色，显得十分可爱。而从围栏上伸出来的花草更让行人不禁驻足欣赏。

　　男主人的姐姐家就在隔壁，两座住宅的花园连成一体，形成了略微不规则的地形。进入花园后第一眼看见的就是主花园入口处设置的拱门，拱门上缠绕着月季'潘尼洛普'。穿过优美的月季门，就到达了铺设着绕园小路的主花园。

　　园内并没有设置完全阻拦视线的隔断，只有树木起到了局部的遮挡效果，让整座花园的视野开放且生机勃勃。花坛里种植着麦瓶草、柳穿鱼等野趣十足的花草，随风摇摆。主人对于混栽植物的颜色搭配有自己的理解，把各种植物想象出缀布拼图的各部分，仔细推敲相邻颜色的搭配。这种对于色彩的独特感性使得交织出来的花海与花园融为一体。

利用造型各异的装饰物进行绝妙的搭配，打造个性花园。

精心设置的墙垣和小屋
让细长型的花园变得节奏明快

蓝色外墙与巧克力色的屋顶形成了美丽的乡村风格。屋檐下牵引着的月季'弗朗索瓦'如乐章般流淌。

月季拱门使花园充满浪漫气息

主花园里分布着各种植物,主人在其中设置了拱门等大型装饰物,打造出独具个人风格的美丽景致。

在需要隔断的地方设置月季拱门,既划分了区域,又让人不禁期待拱门后的风景。各种月季错落有致地搭配在一起,让游客不仅能由下往上欣赏拱门上的花朵,还能从远处欣赏拱门上的立体种植。"有人咨询我造园的意见时,我一定会推荐他设置拱门。有时候只是多了一扇拱门,花园的表情将焕然一新。"

为了让住宅与花园融为一体,主人在屋檐下和外墙上牵引了月季'潘尼洛普'。婀娜多姿的月季围绕着整座房子,其压倒性的存在感让人印象深刻。外墙周围放置着桌椅和展示架,增添了故事性。优雅的外墙和窗沿与植物相得益彰,构成了一幅西洋画般的风景。

把住宅看成是花园的组成部分之一,主人创造了和谐的花园景致。女主人精心打造每一处细节,使花园看起来更加熠熠生辉。

特别定做的拱门使月季看起来更加楚楚可人

拜托友人帮忙制作的铁艺拱门采用了突出月季的简单造型。蓬松覆盖拱门的月季'弗朗索瓦'营造出浪漫的气氛。

园路的两侧装饰着杂货,打造趣味小景

①女主人不仅大胆地搭配植物混栽,还擅长打造精美的小景。多肉植物搭配做旧杂物,展示自己的创意也是一种乐趣。②从路口处眺望园路。连续摆放的拱门把人的视线引向花园深处。

你会选择哪一种呢?用拱门或凉亭打造如诗画境。

屋檐下牵引的月季形成自然的拱门

横跨餐桌上方的月季'潘尼洛普'。盛开的花朵使窗沿看起来优美浪漫。

造型优美的椅子
仿佛与拱门融为一体

铁艺的椅子上放着花盆，摆放在拱门下部。优美的造型与同为铁艺的拱门融为一体，看起来清新自然。

各种形态的草花交织在一起
形成热闹的花坛

混栽着宿根植物和直立型月季的花坛。主人好像是特别喜欢像多年生植物钓钟柳这样造型婀娜的草花。

大型家具的摆放地图

连接两处住宅的特殊的花园,围绕花园一周的小路和分布在花园各处的拱门使花园成为一个整体。

Garden goods

杂货

位于入口处的杂货展示区。做旧的杂货和多肉植物的盆栽错落有致地摆放在一起,让人赏心悦目。

Arch

拱门

在入口处的小路和主花园的交界处设置的月季'弗朗索瓦'拱门相当于主花园的大门。

房子

Shelf

展示架

沿着外墙摆放着半人高的展示架。架子上摆放着杂货,与垂下来的月季枝条共同打造窗沿的浪漫风景。

Arch

拱门

位于自家门前的拱门正好作为主花园的后门。米白色的月季'潘尼洛普'看起来楚楚可怜。

Parasol
遮阳伞

男主人姐姐家门前花园的亮点是这个遮阳伞与桌椅的组合。在舒展的绿树枝条下，白色的遮阳伞看起来十分清爽。

你会选择哪一种呢？用拱门或凉亭打造如诗画境。

拱门

花园角落的这扇拱门脚下，放着一座雕像。这是花园中唯一一扇不能穿行，只供人眺望的拱门。有着皱褶花瓣的月季'西班牙美女'显示出独特的存在感。

房子

Arch
拱门

两个花园连接处的铁艺拱门是从店铺"Old Friend"那里买来的。特意不让植物生长得过于旺盛，展示出拱门的独特质感和设计。

Data

面积：约180㎡

最近关注的植物：钓钟柳

采用同色的小屋和拱门
让景色具备一体感

①小屋窗户装上刻花玻璃，成了不经意的焦点。这个设计是女主人的创意，男主人则担当了制作重任。②小屋放在L形花园的顶头，前方有拱门，强调出纵深感。小屋和拱门使用同色涂漆，搭配别致优雅。

你会选择哪一种呢？
用拱门和凉亭打造如诗画境。

白色月季枝条舒展
凉亭下是绝佳的休闲场所

把从餐桌上望出去的视线引导到装饰杂货的架子上

和屋子连接在一起的木甲板灵活运用了建筑物的外墙。通过放置一个手工制作的木架子，来展示主人心爱的杂货。

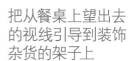

演绎出被月季包围的浪漫舞台

被绿色环绕的生机勃勃的花园，已经经过了15年以上的打理，呈现出岁月的沧桑感。富有韵味的沉着色调和各种草花的华美景致造就出自然的美感。

沿着建筑物呈L形展开的花园，放置了大型家具。在场地中间是带凉亭的木质露台，以它为边际，前方是开放型的前院花园，后方则是沉静的木质露台区域。这当中最具看点的也是这块区域。

因为紧挨着建筑物，就像是户外的房间。头上装点的藤本月季'冰山'演绎出难以言述的浪漫情怀。令人惊讶的是，除了凉亭以外，小屋和座椅等都是夫妻俩的手工作品。美术大学出身的女主人从事设计，男主人则负责制作，简直就是专业级别的。花园无论从哪个角度看上去都是比例极佳，再借助植物的力量把这些手工家具完全融入花园中。正因为这些细致入微的考虑，花园才给人难以言表的美感。

装点木质露台上部空间的是藤本月季'冰山'，浪漫景致让人赞叹不已。

大型家具的摆放地图

L形的庭院,是以木质露台为中心构成的。每个部分都放置了不同的家具,形成美妙的风景。

Arch

拱门

入口处放置了带有木门的三角形顶的迎宾拱门。牵引上月季和铁线莲,让人对花园的期待感油然而生。

Pergola

遮阳伞

花园一角设置的休憩空间。在大片的绿色中,白色的遮阳伞被映衬得清新而明媚。

Big Item
Part
2

你会选择哪一种呢?用拱门或凉亭打造如诗画境。

Shed

小屋

以自家房屋为模型的小型熏制小屋。宝石绿色的涂料非常可爱,装饰效果出众。(*译注:熏制小屋是用来制作熏肠和腌肉类的小屋。)

木质露台

带有凉亭的木质露台。头顶上满溢的藤本月季'冰山'好像瀑布一样，观感超群。

房子

Pergola

藤架

兼具空调机罩的花台上放置了小型藤架，牵引上葡萄藤，让齐腰高的窗边成为如画的景致。

Shed

小屋

花园深处的小木屋是放置杂物用的，简单而朴素的设计演绎出自然的氛围。

Arch

拱门

小屋前方的拱门上牵引了藤本月季'龙沙宝石'，为阴凉处也增加了色彩。

Data

面积：约100㎡

最近关注的植物：铁线莲

植物和杂货
以拱门为间隔，实现充满乐趣的空间转换，造就富于变化的花园

你会选择哪一种呢？
用拱门或凉亭打造如诗画境。

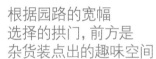

根据园路的宽幅选择的拱门，前方是杂货装点出的趣味空间

①从小屋一侧看到的园路。小路面对着客厅的窗户，设置了花架。摆上花钵，从房间里看出来也是乐趣无穷。②墙壁上设置了装饰架，作为防雨的小屋檐，也可以聚焦视线。

②

水泥墙壁用白色木板隐藏起来更加自然

给人冷冰冰印象的水泥墙壁，请木工来装上白色的木板，造就自然的氛围。

①

红砖小路和牵引了藤本月季的拱门。男主人
手工制作的小屋，孩子给它起名叫"爸爸之家"。

以园路为中心轴的充满魅力的风景

以3年前建造新家为契机，女主人开始建造花园，在纵长形的地基上，铺设了长长的园路，园路穿过花园拱门的地方，是园中最诱人的风景所在。

小木屋建造好后，花园的气氛一下子变得自然了，这都是男主人的功劳。清纯的白色藤本月季'冰山'覆盖着拱门，前方静静伫立的小木屋成为了园路的焦点。小屋附近也是主要的种植区域，因为向往光影摇曳的花园而种下的彩叶杞柳和白桦树，给小屋增添了郁郁生机。树木脚下则以玉簪、彩叶鱼腥草、大吴风草、香草等观叶植物为中心，配置时特别注意了避免叶子的颜色和形状重复。

从小屋向建筑物两侧延伸的园路，以拱门为分界变成展示杂货的空间。木板墙壁上设置的格子和作为装饰架的旧缝纫机上，古典风格的杂货排列得有条不紊，可以一边走一边欣赏。男女主人利用了拱门实现花园空间的交换，从而形成有独特韵味的花园。

犬田家

大型家具的摆放地图

亭椅、木质露台……手工制作的大型家具，为这座庭院带来印象鲜明的风景。

水栓

手工制作的可爱水栓，贴有红色瓷砖的水池是在网上淘到的宝贝。

架子

刚刚开始造园时男主人制作的架子，清新的蓝色涂漆给人印象深刻。

拱门

朋友在网上淘到的拱门价格非常便宜，而且恰好适合园路的尺寸，真是值得炫耀的一次购物。

房子

Shed

小木屋

收纳工具、花园土的地方，第一次
做好后不满意，再次挑战后才完成。

Pergola & Terrace

藤架和木质露台

入住后最初挑战的DIY物件，制作藤架时，
借助了相识木工的一臂之力。

Bench & Table

长椅和餐桌

长椅是先生的手工制作，等树木生
长后，在树荫下的长椅上小憩片刻是女
主人的梦想。

Pavilion & Garden Goods

凉亭和杂货

陈设杂货和盆栽的场所，面对起居
室，可以时常更换陈列品来欣赏。

Part 2

你会选择哪一种呢？
用拱门或凉亭打造如诗画境。

Data

面积：约250m²
最近关注的植物：树木

利用完成度高的定制商品
拱门和凉亭演绎出草花的绚烂

铁艺凉亭是按照窗户尺寸定制的

在定制的凉亭上，攀缘着'夏雪''赛巴斯蒂安·克奈普'等主人心爱的月季。

不愧是铁艺专家的手艺——坚实的拱门和围栏

①主花园和建筑物是并排的，所以从起居室的任何地方看出去，满眼都是绿意盎然的植物。②面对道路的围栏和拱门也是在铁艺店专门定制的。

选择适宜的物件，融入柔和的花园

好像波浪般起伏的栅栏和白色月季及蓝盆花融为一体，打造出兼具沉稳与华美的前院花园。从门扉延伸出的小路仿佛消失在爬满木香藤的拱门下，这就是主花园的入口处。从这里开始并立两旁的树木，诱导人们的视线看向深处宁静的开放式绿色花园。

花园的"骨骼"是栅栏和拱门，通过它们把草花们烘托出彩。这两个大件都是在铁制品的工房里定制的，因为是把铁条焊接后制成的，所以坚固性自不必说，外形也格外美观。在制作时女主人专门提出要求说："设计要和草花能够调和，简洁又不失高雅。"就这样，在每件物品制作时女主人都与铁工师傅进行紧密交流。

在起居室前设置的白色花架是女主人最得意的作品，上面攀缘了已有10年树龄的淡杏粉色的'赛巴斯蒂安·克奈普'，因为是铁工师傅手工精制，即使刮大风也不用担心。

每一件物品都有自身的制作故事，它们仿佛记载着这座花园的历史。

绿色的分量多，形成自然的植栽风格

①面对道路的花坛，从栅栏缝隙间仿佛溢出来的藤本月季'冰山'。
②通向主花园的小道边，开放着齿叶漫疏、蓝盆花、矢车菊等轻盈柔美的花卉。

你会选择哪一种呢？
用拱门或凉亭
打造如诗画境。

犬田家

大型家具的摆放地图

N

Arch

拱门

即使爬满生长旺盛的木香藤也依然稳定，简洁的设计使其和枝叶融为一体。

Pergola

藤架

宽幅有4.8m，因为是铁条铸造而成的，非常坚固，只需要两侧的支柱就可以支撑，从房间看出去的视野极佳。

房子

Parking

Data

面积：约60㎡

最近关注的植物：宿根花卉，月季

为花园增光添彩的拱门和花架

想要拱门和花架，但是DIY很难……对于这样的人，我们推荐市售的成品，其中汇集了多种类型，可根据花园的大小和氛围进行选择。

圆形

重视设计感优雅的拱门

拱门通常放在入口处或是小路上。
作为花园的焦点物品，
要在选择设计时格外用心。

造型可爱的圆形拱门

白色铁艺圆形拱门，颜色和线条都非常可爱，中央部分可以拆分的组合式构造，只需十分钟就可以安装完成。
白色铁艺圆形拱门
（长127cm×宽41cm×高194cm）

架设在长椅上
的三角形拱顶，
是设计的亮点

除了可以攀缘植物，附带的长椅还可以让人小憩片刻。近乎黑色的深茶褐色，给人以稳重的印象。
带长椅的花园拱门
（长130cm×宽46cm×高191cm）

带长椅

木制

手工制作的
满载朴素感的原木拱门

原创的可爱拱门，带有迷你花盆脚，不仅可以放上小植物来装饰，稳定性也会大增。
（长83cm×宽44cm×高192cm）

德国著名厂商出品
可以通行两人的尺寸

整体的维多利亚风格和松果造型的柱头显得格调十足。这是来自德国著名厂商"古典花园要素"的拱门，适合优雅的花园。

维多利亚式拱门
（长160cmx宽50cmx高282cm）

著名品牌

不需要埋入土里
直接放在阳台上轻松便捷

自然派木制拱门，左右的花台上放上花盆后就非常稳固。上部有花架，可以攀缘植物，也可以悬挂吊篮。

阳台拱门
（长170cmx宽30cmx高190cm）

适用于阳台

和纤细的花门
合为一体的优雅造型

带有花门的罕见设计，造型华美，适合花园的入口处或是场景的切换。两侧带有花台，可以放置花钵。

带门的拱门
（长234cmx宽44cmx高260cm）

带有花门

紧凑

优美的曲线花纹
圆拱形四脚拱门

大型铁制拱门，适合放置在宽阔的庭院中央，形成壮观的视觉效果。攀缘上藤蔓植物后，仿佛绿色的帐篷，美丽非凡。

铁质四脚拱门
（长175cmx宽175cmx高267cm）

最适合狭窄空间！
体型修长的铁艺半拱门

在小花园里不占空间的紧凑造型。侧面的设计非常优雅，放在花园里很耐看。在脚部固定，高度中一部分是要埋入土里的。

铁质半拱门
（长90cmx宽60cmx高260cm）

大型

*施工时需要4个H形固定铁件。

适合任何场景
简洁的标准花架

不挑风格的标准花架设计，可以直接享受木头质感，也可以涂刷成自己喜欢的颜色。

木制花架（小）
（长300cm×宽180cm×高240cm）

木制花架脚用
H形固定铁件

大型

**宽幅
可选**

富有整洁感的带种植箱的白色花架

种植箱、花格、花架三合一的商品。纵深仅40cm，非常紧凑，可以紧贴墙面放置，适合宽幅窄的细长形花园。

带花架种植箱
宽120cm（长120cm×宽40cm×高180cm）
宽76cm（长76cm×宽40cm×高180cm）

可以任意搭配选择
品种丰富的花架

根据花园的大小和放置场地不同，需要的花架形态也不一。在此搜罗了丰富多样的商品，大家可按实际情况来选择。

带有陈设花台的
自然色多功能花架

适合摆放喜好的花盆、陈设吊篮和杂货，还可以作为小屏风来遮挡邻居的视线。

带有花台的花架
宽76cm（长76cm×宽61.5cm×高210cm）
宽122cm（长122cm×宽61.5cm×高210cm）

**宽幅
可选**

**壁挂式
花架**

可以悬挂在房屋或
仓库墙面的铁艺花架

利用墙面来设置的铁艺花架，由简洁的直线和圆角构成，设计清新大方。支柱两端有装饰，呈现出考究的细节美。

铁艺花架
（长192cm×宽120cm×高235cm）

大型

花纹美观的大型花架
在花园里很有存在感

看起来很纤细,其实是铸铁做成的,非常坚固。最适合攀爬葡萄、紫藤、猕猴桃等植物,可在下方设置小型桌椅。

凉棚式花架
(长155cm×宽129cm×高221cm)

修身型

带有座椅的修身型
薄款铁艺花架

坚固美观、带有座椅的铁艺花架。放置在小路顶头,可以形成醒目的视觉焦点。座椅是可以坐下两个成人的标准尺寸。

带座椅花架
(长193cm×宽62cm×高218cm)

单片型

时尚的造型
清爽的白色极具魅力

花格部分有一定宽幅,可以用作屏风和遮阴。使用了特殊的防腐木材,不易腐败,耐久性好,并有抗白蚁的功能。

单片型花架
(长275cm×宽87.5cm×高240cm)

初看是木制其实是铝制品
最适合角落的设计

比较罕见的,适合庭院角落的形状,通过花架牵引藤蔓植物到屋顶,可以制造一个遮阴良好的清凉空间。

扇形红木色花架
(长235cm×宽235cm×高230cm)

角落用

可以调节大小

配合放置的地点,
可以调节纵深的可
伸缩式花架

通过改变固定零件的位置,可以改变纵深和宽幅的木制花架。使用零件连接起来,有更大的活动空间。

伸缩式花架
(上部长190cm,柱子间长155~180cm,宽46~55cm,高213cm)

设计师建议

无论场地多么狭小，也可以创造出精彩的花园。寻找适合自家花园的理想的配置吧。

BROCANTE 店主松田行弘

松田先生是一位独树一帜的园艺设计师，除了承接造园、外墙工程，还销售法国进口的古董家具。他打造的具有独特世界观和韵味的庭院拥有众多粉丝。著有《BROCANTE风格花园和生活》一书，深受好评。

如何布置"杂货"花园

彻底分析如何利用大型装饰物布置出优美的小景

致力于花园设计和施工的松田先生，他所创造的法国风格自然式花园得到了众多爱好者的支持，展现这种风格魅力的一个秘诀就在于大型园艺家具的配置。下面我们通过BROCANTE的施工现场，来向他学习这些技法吧！

设计中时刻牢记让花园和居室融为一体

花园主人通常期望让花园成为轻松休闲的场所，所以在造园的时候首要先确保放置桌椅等休憩小坐的空间。

这个空间需要注意的是设置的地点。如果把花园家具摆放在从居室里也可以看到的位置，就会产生室内和花园的视觉连接，让房屋内外调和起来。

决定了椅子、长凳的位置后，以它们为基点再设置花架、栅栏、架子等大型家具，好像做室内设计一样。通过这样的过程逐步慢慢建造出整个空间，自然而然就产生流畅的设计感，创造出有整体感的花园。这个做法无论花园大小都可以采用，而且越是小型的花园越容易发挥出效果。

松田先生为客户提案的时候
绘制的设计草稿。

造园时不可缺少的三大件

栅栏和墙壁

具有高度感，可以遮挡邻近的事物，确定花园自身的风格。即使放置很小的栅栏也可以让空间显出动感。

花架

让空间富于立体感，演绎出房间般的效果。认真选择造型，在任何地点都可以设置，尤其在小空间里可以发挥出很好的效果。

桌椅

松田先生造园时不可缺少的要素，除在花园里休憩时使用之外，还可以用来观赏。

更有居室感的地面铺装技巧

摆放大型家具的空间里，地面铺装也需要细心考究。让花园和房屋的高度一致，可以更增添一体感。在配置大型家具的地点和周围铺上不同的地面铺装也是一个好方法，这样会有不同的空间效果。

**地面和房屋的高度一致
让花园成为居室的延伸**

和客厅连接的地点让庭院和室内的地面高度统一，通过把天井按台阶高度提升，让花园和客厅的边界模糊。

**使用不同的地面铺装
给予空间变化感**

有桌椅的部分铺上水泥，前方则铺上颜色不同的鹅卵石，用不同的地面材料来区分空间。

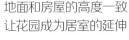

COLUMN

大型家具配置决定一切
这里是松田流

花园三大家具的配置技巧

Technique 1

把桌椅放置在
从室内看得到的地点

首先，把桌子、椅子或长凳这类的花园家具放置在可以从室内看得到的地点，这样可以产生庭院和房屋的连续感，让人觉得视野开阔。

Technique 2

在休憩场所的头顶上设置花架

在放置了花园家具的空间周围设置花架等立体的构造物。让桌椅周围的空间演绎出更有印象性的美感。通过缠绕植物，和花园的一体感也得到提升。

Technique 3

利用与花园协调的栅栏和墙面
形成独立的空间

利用栅栏和墙面来遮挡休憩场所有碍观瞻的东西，例如紧贴的邻家等。通过分割空间，可以体验到随心所欲的花园世界。另外也可以消除花园的单调感。

CASE1

石材堆砌的墙壁产生出
有独特韵味的度假风格花园

　　风格洒脱的房屋，让人联想到法国的家居。希望有一座与房屋协调的花园，所以主人委托了松田设计师来设计施工。完成后，这里正如主人梦想中一样，实现了国外图书里才看得到的场景。桌椅套装轻巧精致，背景是富于存在感的白色墙壁；深灰色的石块创造出沉稳的感觉，周围纤细的绿叶让环境赏心悦目。踏入这个空间，就宛如身处度假地的中庭一般。

Technique 1

设计师建议
　　这里是从客厅和餐厅延续出来的空间，所以设计时特意让室内外的地面高度相等，以居室延伸出的"屋外家居"的意境来制作。另外，主人不希望受到周边视线的打扰，我又用了墙面和树木环绕花园，提高私密感。

深灰色的石头演绎出低调的意境，材料也是熟知各种资材的主人指定的欧洲进口天然石材。

设置具有华美
线条的花架

在餐桌顶上，放置适合古典氛围的铁艺花架，并在上面攀缘上茂盛的藤蔓，让人感受到空间的高度和纵深。

从花园里的桌子上眺望出去，居室和花园在同一平面，让花园处于亲近的存在，也给予居室开放感。

Technique 1

花园的中心位置
配置家具

从客厅或餐厅都可以看得见的花园的中心位置，适合设置成休憩的空间。这里用砌墙的石块堆积出长座椅，韵味十足。

客厅的墙壁一整面都是窗户，从这里看出去的景色十分宜人。垂吊在白色墙壁上的绿叶清新而优美，家具的配置仿佛另一间居室，堪称经典。

Technique 3

植物和家具缓和了
墙面的个性

在墙下种植绣球'安娜贝拉'和白鹃梅，即掩盖了墙脚，又缓和了整体的压抑感。长椅下方设置了水龙头，使用石块堆砌而成的构造物看起来更轻快。接水的凹槽创造出空间里的焦点。

深浅不同的铺装材料
给予空间变化感

有花园家具的空间里用深色的石块铺装，而延伸到里面的外墙边的园路则用茶色系鹅卵石，把两者有效区分开来。通过变化多样的设计，强调了空间的切换。

COLUMN

Technique **3**

Technique **1**

设计师建议

这个花园的特色是墙壁较高, 为了不让人感觉到压抑, 除了花架以外都做成抬升式花坛。把墙面用花草覆盖起来, 减轻了小花园里高墙造成的压迫感。墙壁上的设置, 更拓宽花园的装饰范围, 非常推荐。

Technique **1**

好好打扮
利用窗框剪下如画的风景

在从玄关可以看到的大型窗户外, 摆放上精美的家具。通过精密计算从室内看出去的视角, 利用窗框剪下如画的景色。

Technique **3**

墙面爬满植物, 带来勃勃生机

与邻居家相隔的木制墙壁, 涂刷成灰色后, 种植了月季和岩绣球, 缓和压抑感。

CASE2

巧妙利用整幅的墙壁,
创造出别致的墙壁花园

这家主人委托建造的是"感觉不到邻家压抑感的乐趣花园"。在这细长的场地中, 墙壁约有3m高, 但是通过设置齐腰高的抬升式花坛和花架, 从上到下都是绿色, 很好地回避了闭塞感。花架带来恰到好处的阴凉, 制造出令人心情舒畅的空间。整体色调低沉, 鲜艳的蓝色椅子颇具点睛效果。花园精美而自然, 从一楼的大窗户看出去, 仿佛油画般的景色扑入眼帘。

 Technique **2** 巧妙利用整幅的墙壁,
创造出别致的墙壁花园

花架上攀缘的是花期长而且强健的悬星藤, 头顶缠绕的藤蔓酿造出柔美的氛围。

CASE3

田园风的白色木质露台
把花园打扮成明亮的空间

这个花园虽然朝南，但被密集的邻居住宅夹在中间，整体显得很阴暗，同时主人还向松田设计师提出了"要适合洋风的进口房屋"的要求。现在，和客厅地面一样高的白色木质露台一扫阴暗的气氛，形成一座清新迷人的花园。以干净利落的白色栅栏为背景，从室内眺望出来也赏心悦目。在没有设置露台的地方建造了一座可爱的小屋，打造出狭小却富于变化的花园。

没有设置木质露台的区域，大约占了花园的1/3。这里设置了一座韵味十足的小屋，成为整个花园的焦点。简洁朴素的设计正好是主人的大爱。

Technique 1

和壁面连在一起的
长椅有效地活用了空间，
是花园中的咖啡角

因为花园的宽度不够，只能勉强转身和行走。这里设置了连接在壁面上的长椅，打造出休憩的空间。

Technique 2

粗大的花架支柱
成为头顶上的焦点

在木质露台上方用木架横穿，搭成花架。即使不牵引植物，宏伟的结构也足以动人心弦。

Technique 3

格子形的栅栏
让气氛高涨

给花园带来明亮感的木质露台和与之相连的白色栅栏，上方都做成格子形，设计高雅动人。

设计师建议

周围被邻居住宅围绕的闭塞的场地，通过白色木质露台把高度抬升到与客厅地面相同，看起来瞬间明亮许多。另外分割出地栽和木质露台两个不同的空间区域，给予花园丰富的内涵，不再让人感到狭窄。

Purple

千姿百态的铁线莲，每一款都是那么惹人怜爱，它们深受欢迎的秘密到底何在？令人向往的铁线莲，到底怎么才能在我家盛开呢？经过陌上花论坛100多位花友的投票，最后精选出14款最受花友欢迎的铁线莲，下面我们就综合花友们和版主的意见，来对这些网红铁线莲做个大揭秘吧！

陌上花论坛(www.mshua.net)

国内人气花卉园艺论坛，一个轻松、热闹、畅所欲言的交流场所。有月季、铁线莲、茶花、朱顶红等各种专类植物版，以及精彩纷呈的易趣、跳蚤市场和团购专区。

陌上花论坛好像一个大家庭，从种花新手到技术达人，在这里都能找到自己的乐趣。

花友们最爱的铁线莲

"陌上花论坛最爱铁线莲投票"
结果大公开

铁线莲版版主倩妹儿技术点评

八大超级人气品种

1. '幻紫'/'新幻紫'
(*C.* 'Sieboldii'/'Viennetta')

以超高人气荣登"最爱的铁线莲"评比的榜首。这个品种有着非常醒目的对比花色，纯白的萼瓣搭配深紫的花心，令人一见难忘。另有一个变异品种名为'新幻紫'，中心紫色中带有绿色，另有风味。

2. '乌托邦'（'Utopia'）

同为佛罗里达组中的名品，是单瓣花里绝高人气的一品。花色相当微妙，紫中带粉，还有一点银色的光晕。它不仅适合乡村花园的自然景致，放在现代派的城市阳台或家居里也丝毫没有违和感。

Eight super popular varieties

倩妹儿点评：'幻紫''乌托邦''小绿'都属于佛罗里达组，就是俗称的 F 系。F 系我养了差不多 5 年，发现这个系统的栽培要点是修剪。在气候温暖的地方 F 系可以开三个季节，冬天不重剪来年春天根本长不好，体力严重透支。而且叶片不健康，后期怎么追肥都不行，叶片发黄浅绿，开花不标准还很容易枯萎，整棵苗会变得非常弱。

目前我采用的修剪方法是：冬季剪到只留下 5~6 节，周围上一圈肥。春花后不修剪，夏季休眠叶片全枯，待秋季气候凉爽，F 系开始抽芽后再剪掉那些枯枝。

F 系最好收到阳台或者屋檐下栽培，不建议全光照。不建议全露养，全露养在黄梅季节非常容易枯萎。半露养也只能在早上晒到太阳的地方，不能在下午西晒的地方。F 系的只需要 2~3 小时就能开花开得不错了，散光也能开好，就是花色没那么好看。

F 系小苗容易枯萎，养到大苗了就会好些。基本大苗也每年都会枯萎那么一两根枝条，但是不致命。

3. '小绿'（ Alba Plena ）

又名'绿玉'，和'幻紫'是姊妹品种，花形大小与株型都十分类似，唯一区别是全体都是白色。'小绿'初开放时是白中透着清纯的苹果绿，所以得名。随着开放慢慢变淡成为白色，整体清纯可爱。

4. '蓝光'（'Blue Light'）

紧凑型品种，浅蓝色，始终开重瓣花，适宜在各种花架上攀爬或栽种，是非常受欢迎的品种。

倩妹儿点评： 花瓣顶端朝里面勾，全开后就是著名的狮子头，是很皮实的品种。

5. '钻石'（'Diamantina'）

优雅的淡蓝色品种，花朵全开后就是一个狮子头，非常漂亮。

倩妹儿点评： '钻石'花量丰沛，完全重瓣，单花可开放约一个月，花期较长。花苞和'魔法喷泉'很像，但是半开后就很好区别了。'钻石'色彩比较丰富，因各地的气候环境不同，可以开成粉色、紫色、紫中带绿等。'钻石'比较强健，不易枯萎，病虫害更少，非常值得入手。

6. '约瑟芬'（'Josephine'）

重瓣型铁线莲的经典品种，颜色淡粉，隐隐带有白色条纹，在萼瓣脱落后还会长期保持中心的绒球，单花可以接连不断地开15日以上。株型不大，适合盆栽，也适合盘卷造型。性质强健，不易罹患枯萎病。

倩妹儿点评： '约瑟芬'也是一个很强健的品种，而且开花性很好，新老枝条永远重瓣。但是它对光照要求比较高，光照好的话条纹才比较明显。盆栽的话，建议花瓣打开一层后就收到淋不到雨水的地方养，后期开的花瓣不会被连绵细雨泡着，开出来的花色彩会好很多。

越是大龄的'约瑟芬'越要疏蕾，不然花虽多，但是大小不一，营养跟不上，花色也淡，花朵普遍偏小，欣赏价值大打折扣。

7. '里昂村庄'（'Ville de Lyon'）

经典中的经典，小巧的玫红色花朵大量盛开，与嫩黄色花心形成对比，显得异常美丽。无论盆栽还是用于栅栏和围墙都很适宜。

倩妹儿点评： '里昂村庄'我观察了几年，一般春天第一波花反而没有第二波花开得好。第一波花开放时基本全国都在雨季中，常被雨淋得凋零。入夏后第二波花朵虽然花型没第一波大，但是花量却比第一波更多。为了保证第二波花开，需要在第一波花开完后及时追几次水溶肥。

'里昂村庄'算是铁线莲里面比较耐晒的，可以全露养、全日晒。

8. '多蓝'（'Multi Blue'）

铁线莲'总统'的重瓣品种，颜色继承了'总统'深郁的蓝紫色，中心部分好像细针一般蓬松展开，另有一种宽瓣花形的变异，更显豪华。

倩妹儿点评： '多蓝'非常好养，但是因为花瓣多，耗费的养分也多，需要比'总统'稍微多施些肥，管理上也需要更细致些。

其他上榜的铁线莲品种

9. '魔法喷泉' / '水晶喷泉' ('Magic Fountain' / 'Crystal Fountain')

两个名字非常类似的品种，很多人会把它们搞混淆，其实它们放在一起，差异还是很明显的。共同之处是非常强健，花形也够吸引人，是铁线莲爱好者的必入品种。

倩妹儿点评： '魔法喷泉'是经典的重瓣老品种，耐热，强健，紫色，一直重瓣，和'钻石'相似，但是色彩变化没有'钻石'丰富。

'水晶喷泉'是针瓣品种，生长旺盛，长势非常快，全露地栽会长得更好，花量巨大。日照好容易上色，放在半阴的地方，针瓣会变成惨白色。

10. '瑞贝卡' ('Rebecca')

埃维森专利品种，以埃维森最大的女儿名字命名。红色大花，号称红得最正的品种。大红色的铁线莲中特别引人注目的一款，深红的厚质花瓣在阳光下熠熠生辉，充满活力。

倩妹儿点评： 这个品种我觉得算是铁线莲里面比较强健的，基本没有病虫害，患枯萎病的概率也很低。冬季气温低时需要收到阳台保护一下，夏季半日晒。

刚开的时候是大红色，红得很正，之后开花的时间一长，就会慢慢褪色，我也说不出来褪色后的颜色，反正还是挺好看的。一年中后期也能保持良好的开花性，我觉得是红色铁线莲的首选。如果买的小苗或者裸根苗在当年或者次年开花，可能颜色不很正，年份一长就好了。苗养好了开得自然也就好了，养铁线莲不能心急。

11. '面白' ('Omoshiro')

正面是白色，反面是紫红色，花瓣边缘还有些翻卷，花朵大，无论单朵还是群开都非常漂亮。

倩妹儿点评： 开花后不耐晒。太阳一大花瓣就往下拉耷了，所以要种在阴一点的地方。

12. '皇帝'（'Kaiser'）

重瓣铁线莲的人气品种，花瓣极多，盛开时异常豪华，不愧'皇帝'之名。也有针瓣和宽瓣之分。花色根据温度有粉色和蓝色的变化。

倩妹儿点评： 针瓣品种对光照的要求更高，基本上花色跟着天气走，如果开花的那段时间遇到天气一直很好，阳光灿烂，针瓣会上色得非常好看，反之则会变为惨淡的色彩。十个人养'皇帝'，端出来放一起，十个的色彩都会有差别，这就是'皇帝'的魅力。中小苗开花，都爱纠结在靠近地面的位置，长大就好些了。

13. '薇安'（'Vyvyan Pennell'）

会开出单瓣花和重瓣花。

倩妹儿点评： 大苗能耐−10℃的低温，需要经过冬化才能开出完美的华丽重瓣。老枝条开重瓣，新枝条开单瓣。地栽后长势更好，非常皮实的重瓣品种。

14. '包查德伯爵夫人'（'Comtesse de Bouchaud'）

意大利铁线莲中的一品。粉色的花朵乍一看很柔弱，实际上意大利铁线莲都非常强健，而且耐热，即使盛夏也可以大量开花。

倩妹儿点评： 意大利铁线莲比早花大花系列生长迅速，也更强健，抗病性很好，极少会得枯萎病，适合新手养。花量特别大，而且花期很长。虽然花朵比大花系列的小，但是胜在花娇小可爱，花量大。

喜阳光，不能放在半阴或者荫蔽的地方，不然长不好。最高的意大利铁线莲可以长到差不多5m，可以用来做花墙，越大的苗开花性越强，花期可以从夏季持续到秋季，是我个人很喜欢的一类铁线莲。

每年2—3月的时候强剪，留5~6节饱满的枝条就可以了，也可以贴地强剪。

**假鳞茎也是
重要的装饰物**

拥有美感造型的假鳞茎是这
个盆栽不可或缺的。这里储存着
植株生长必需的水分和养分。

为平凡生活渲染出色彩的

盆栽洋兰种植指南

体验清新葱郁的贝母兰小品盆栽

书架

存在感丝毫不亚于书籍和装饰小物品的盆栽洋兰。为了突出清新的叶子、假鳞茎和贝母兰特有的楚楚动人的白花，选择了造型简单的光亮花盆。由于要避免强烈阳光照射，适度遮挡的书架是摆放洋兰的最佳位置。花香四溢，正好营造出宁静的午后时光。

使用的洋兰: 贝母兰 (*Coel. Intermedia*)

阳光下随着微风摇曳的纤细身姿

窗边

富有野趣的姿态渲染出周围的气氛，这里选择的花盆是给人清爽感的镀锡水桶。使用和花的质感近似的棕榈纤维来装饰植株的根部，打造出自然朴素的情趣。红穗兰可以种植在比较干燥的场所，所以也适合种在窗边。

使用的洋兰……

红穗兰（*Dendrochilum wenzelii*）

有着各种各样姿态和魅力的洋兰，在大家的眼中是怎样的印象呢？

"需要花时间打理。"

"有点老气。"

无论哪个回答都是"NO!"

这次，我们通过将带花的洋兰花苗摆放在不同位置或搭配上不同的花盆，达到长时间的装饰效果，陪伴我们在屋子里度过漫长的季节。

想要看看洋兰是怎样带给你更多随心所欲的乐趣吗？

用色彩协调的装饰来欢迎客人

玄关

需要进出更换衣服的玄关，不适合摆放长宽阻碍行动的装饰物。这里通过摆设出一个富有色彩的角落，让客人的目光立刻被深黄色的花朵和同色系的餐盘组合吸引。植株的根部种植上色彩和质感不同的洋兰，选择耐寒的品种就能扮靓漫长冬季里的玄关了。

使用的洋兰：
石斛兰（*Dendrobium Chinsai*）
攀龙树兰（*Epidendrum porpax*）

温暖人心的创意搭配组合

餐桌

充满传统文化感的餐具和花钵，与带有南国风情的洋兰和植株根部的装饰石头搭配和谐美观，仿佛周围的空气里都洋溢着温馨。使用的是耐干燥的品种，所以只需浅植即可。

使用的洋兰：卡特兰'丽'
（*Cattleya hybrida* 'Lea'）

水培溶液

这次的盆栽全部使用了木炭、椰糠和营养溶液来进行培养。无论是餐具或是水桶，都可以信手拈来当作花盆器具。

绘画鉴赏般的奢华设计
卫浴室

对于朴实无华的空间，稍加些奢华气氛就能打造出非同凡响的存在感。设计时选用了有着独特形态的洋兰，搭配上不会破坏氛围的简单餐盘作为托盘。这种喜好湿气和弱光的品种非常适合放置在卫浴室等场所。

使用的洋兰：兜兰园艺种

用水苔包裹

①特意选择了既干净又能够吸收水蒸气的水苔，可保持洋兰根部潮湿。用这些保湿的材料将根部包裹后卷起。②用丝线将水苔与洋兰根部捆绑固定。

日常生活中的幸福平和
客厅

粗看之下使用了华丽色彩的设计，但渐变色的陶瓷盆很好地平衡了洋兰的曲线美，形成高低错落感，不会破坏客厅让人身心放松的氛围。植株较高，正好可以照到柔和的光线。

使用的洋兰：卡特兰园艺品种

设计者
井出绫老师

园艺设计师。"Bouquet de soleil"的老板，活跃于广告、杂志等行业中的花卉设计领域。

可扮靓生活的洋兰品种

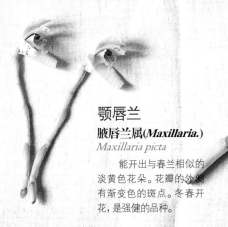

颚唇兰
腋唇兰属(Maxillaria.)
Maxillaria picta

　　能开出与春兰相似的淡黄色花朵。花瓣的外侧有渐变色的斑点。冬春开花,是强健的品种。

卡特兰园艺种
Laelia × Cattleya卡特兰杂交种(Lc.)

　　粉嫩的花朵直径为11cm左右,强健的品种,不定期开花,是一年能开二次花的中型洋兰。

橙色喜悦
Ada × Brsa文心兰近缘杂交种(Bras.)
Brassada 'Orange Delight'

　　5cm长的枝条开出纤细的花朵,鲜艳的亮橘色花瓣上带有深红色的斑纹。主要花期在春季,但秋季也能开花。

拉达金
Ascosentrum 和 Vanda 的杂交种
鸟舌兰属和万代兰属的杂交种(Vanda.)
'Ladda Gold'

　　直径约3cm的黄色圆形花,成簇开放。需高湿度生长环境。

红穗兰
足柱兰属(Dendrochilum)
D.wenzellii

　　深绿色的细长叶片群生,枝条的顶部会开出暗红色的穗状小花,是冬春季开花的强健品种。

足柱兰
足柱兰属(Dendrochilum)
D.uncatum

　　能开出鲜艳的穗状黄色小花。主要花期在冬季。容易栽培,但要避开盛夏的强光。

提到"地球上进化水平最高的植物"，就是兰花。兰花，特别是洋兰，存在着许多令人惊讶的种类。是否想近距离地感受这令世人爱不释手的花朵? 这里，我们就为大家收集了许多能为生活增添色彩和幸福感的美丽洋兰。

蝴蝶兰
蝴蝶兰属(Phal.)
Phalaenopsis 'MiDi'

花型不容易松散，有较长的观赏花期，花朵直径3~5cm的小型花品种。分支多，能够开出大量花朵。

尖刀唇石斛
石斛属(Den.)
D.Heterocarpum

广泛分布在东南亚地区。奶黄色的中型花朵，花香四溢，是十分强健、容易种植的品种。

兜兰园艺种
兜兰属(Paph.)
Warden × Macabre

下方的花瓣呈袋状，是兜兰独有的特征。观赏花期长达1个多月，别致的颜色深富魅力。

贝母兰
贝母兰属(Coel.)
Coel. × *intermedia*

白色的花朵中间带有黄色，能开出10朵左右向下垂吊的花朵。耐低温，非常适合初学者种植。花期从冬季到春季。

文心兰园艺种
文心兰属(Onc.)
'Cheiro Kukoo'

在枝条上能开出大量直径2cm左右的小型花朵。主要花期在冬季，一年能开二次花的强健品种。

攀龙树兰
树兰属(Epi.)
E.Porpax

叶肉厚，长度为2cm左右。能开出许多直径1.5cm左右的小型花朵，是植株高度在5cm左右的小型品种。

Garden trees

Container

Cover

常绿植物的
33种运用妙法

和落叶植物相比，常绿的花草树木容易给人沉重的感觉。
然而，正是这种厚重感令人印象深刻。
很多常绿植物都有规整的造型、敦实的质感，
冬季来临时悄然染上的红色更是魅力十足。
运用常绿植物让冬季变得更美，
打造出一个更有格调的花园吧！

33

① 用生机勃勃的绿色来
装点全年流水的水池

石头砌成的立式水龙头周围种植了青木和日本小檗。树叶不仅遮掩了石头边缘，同时也增加了明亮感，使水池不再显得单调乏味。

亮点
Accent

选择种植带有斑纹和蓝绿色叶片的树木，这种有特征的叶片是打造花园亮点的诀窍。

柃木 *Eurya Japonica*
耐阴品种，带有斑纹的叶片令周围景色都明亮起来。

② 用小叶植物来装饰
整个窗户，从屋子里
也能享受到光影的美景

白色的大窗被合欢树和月季围绕着。阳光透过树枝间的缝隙洒落在窗帘花边上，散发出浪漫的气息。

Garden trees
花园树木

花园树木通常指的是那些受人欢迎的落叶树，但是只种植这些树木还不能算是完美，因为在冬季落叶后的花园常显得寂寞萧条。下面我们就来看看常绿树木的种植策略，通过它们独特的质感和色彩，让花园变得丰富多彩！

③ 明亮的斑纹叶片
为角落增添一抹亮彩

在阳光照射不到的角落里种植了金边埃比胡颓子。白色的栅栏和清爽的镀锡桶为整个角落增添了温暖。

⑤ 用散发着南欧气息的
橄榄树提升窗边的氛围

柔软的枝条和银色橄榄叶与房屋的品味和谐统一。这样不仅能遮挡住来自窗外的视线，从屋内看出来的景观也美不胜收。

④ 和主人一起
和谐生活的
家庭标志树

生长旺盛的合欢树将门面几乎完全遮盖，和建筑物融为一体。白色的外墙与银色的细叶交相辉映，亲切地迎接来访客人。

6

绿意盎然的杉树
笔挺地耸立在大花园里

冷杉充分发挥出树干笔直的特点，在落叶树丛里鹤立鸡群。与周围轻盈树木对比后，更突显出蓝绿色的凉爽感。

7

暖色系外壁
映衬出针叶树的魅力

印象朴实的建筑物和鲜艳的圆锥形针叶树可谓是好搭档。数棵并排种植的话可以打造出生动而有跳跃感的景色。

间隔
Loe Hedges

那些能够随心所欲修剪的常绿树品种，可称得上是花园里的分界线，让整个花园变得生机勃勃。

小叶黄杨
Buxus Microphylla

树叶浓密且富有光泽，非常耐修剪。

8

作为花坛的镶边
让花草们显得更为娇艳

这个是用小叶黄杨来作为草坪花坛镶边树篱的设计。富有光泽的叶子衬托出花朵的美丽。通过树篱的分割，植物更有整体性。

10

整齐对称的花园

圆形的地块被均匀地分隔成四个花坛。花坛中间种植了银白色叶片的花草，极具色彩美。这种简单的几何造型能够轻松地提升花园气氛。

9

设置了边界分区就能
欣赏到变化多样的花园

空间宽阔的花园，适合用间隔植物分割成数个区域。用黄杨作为分界线，能自然地把菜园和花坛分开。

11

黄杨树篱柔化了
背后的房屋

用黄杨在窗户下种成低矮的树篱，赋予了房屋不同的景色。绿色的色带把房屋和花园连接起来的同时，也起到了防护的作用。

大株树木
Large Perennial Plants & Trees

巧妙配置外形特征明显的常绿树，仿佛建筑物一般赏心悦目。

龙舌兰
Agave Americana

有着美丽造型的龙舌兰最适合作为花园的点睛之笔。

⑫

通道的两旁用大花盆来作为过渡门

横向伸展的银姬小蜡树种植在硕大的花盆里，配合狭窄的通道，完美过渡了不同的场景。

入口处充满设计感的经过修剪造型的树木

狭窄的玄关门口摆放着月桂树。盆栽的下半部分种植了用来调整色彩的天竺葵，玄关显得干净整洁。

⑬

Container
盆栽

想获得视觉上的冲击效果，诀窍就是将常绿植物种植在容器里。全年郁郁葱葱，可以成为构造美丽花园的重要组成部分。

对称放置的球形黄杨迎接客人的到来

修剪成球形的黄杨配成一对摆放在入口处。树木的大小可根据空间面积调整。

⑭

⑮

组合搭配形态各异的常绿植物

在空间小而无法地栽的情况下，可以用常绿植物的盆栽来调整平衡。横向伸展的、经过造型的……发挥出了不同植物种类的特色。

⑯

活用竖直线条的古铜色大门

种有古铜色树叶的新西兰麻的花盆成对摆放。与房屋的颜色和大门竖线条搭配，营造出古色古香的意境。

17

成为花园焦点的
个性植物盆栽

古典的大花盆里种植着壮观的大棵龙舌兰。强烈的存在感可以巧妙地统领周围花草的颜色。

18

精心选择花盆
表现花草的不同姿态

高大的壶形容器种植了天竺葵和朱蕉，让人眼前一亮，与背景茂密的绿色形成鲜明的对比。

草花
Flowers & Grasses

常绿的草花在容器里有独特的表现，调整色彩的同时还能突出其他植物的美感。

矾根
Heuchera Spp.
富有光泽且颜色精致的叶片与其他植物十分搭配。

19

绿色为主的组合盆栽
叶片的纹理赫然夺目

使用了不同叶形的黄色系植物的组合盆栽。苔草的细叶带来了充实感和动态。角堇别致的颜色则加深了色彩的层次。

20

姿态丰富的草花
单独种植也茂密饱满

有着渐变色可爱叶片的花叶络石，单独种植也能观赏到满满溢出的效果，与铁制椅子的曲线搭配相得益彰。

21

能感受到微风徐徐
的常绿观赏草盆栽

有着古铜色光泽的薹草和其他彩叶植物搭配得十分和谐。用花架凸显出高度后，更强调了叶片的流线感。

22

略带粉色的
柔美系组合盆栽

花叶络石和百里香搭配的组合盆栽。即使在寒冷的冬季也能保持常绿的叶片，更增添了一份温情厚意。

地面
Ground

适合地面的匍匐性植物，许多都有着独特的魅力，可以让花园焕然一新。

花叶富贵草
Pachysandra terminalis

密集生长，覆盖地面后显得明媚动人，是半阴环境下也能健康生长的品种。

23

生长旺盛的百里香可铺种成芳香的地面覆盖物

只需阳光充足就能健康生长的百里香紧贴着地面的一角，散发出诱人的香味。在春季可开出粉色的可爱花朵。

Cover

地被植物

百密终有一疏，花园里总会有裸露出泥土和混凝土等煞风景的场所。这时就是常绿匍匐性植物隆重登场的时候了。它们可以遮掩暴露的地面，美化花园的同时还能起到防止反光的作用。

24

充分利用空旷场所种植常绿的多年生观赏草

通过种植小型薰衣草来增添清爽感。淡紫色的花穗随风摇曳，香气沁人心脾，感觉让整个人都得到了治愈。

27

柔软的叶片令花园显得更为自然

壶形的陶盆周围布满了叶色亮丽的常春藤，与墙面和砖头的搭配是最佳组合。

26

让墙壁和地面交界处充满生机的植物

扶芳藤柔软的枝条沿着墙面攀缘而上。美丽的小树叶将材质不同的墙面和地面巧妙地融合在一起。

把通道和种植区域自然地联系起来

通道旁种满了常春藤和彩叶朱蕉，自然地遮掩了石墙的边缘，让人舒心愉快。

25

28

石头夹缝间的色彩
让行人驻足观赏

道路的基石与外墙交界处交错种植了富有个性的多肉植物和匍匐筋骨草。单调的角落变得热闹明快起来。

浮雕和质感迥异的
植物之间的搭配

略微潮湿的花园一角里种满了匍匐植物。金边阔叶麦冬和圣诞玫瑰将浮雕掩盖得若隐若现。

29

墙壁

Wall

现实中墙面占据的面积很多，用立体的植栽装扮墙面，合理利用这些空间吧！

枸子 *Cotoneaster* Spp.

春季开放大量小花，秋季则结出红色的果实，全年都让人惊喜不断。

30

大叶的常春藤最适合
用来覆盖整面墙壁

用繁殖力旺盛的加拿利常春藤覆盖如此大面积的墙壁是最合适不过的了。但有些墙面素材会因此而被损伤，需注意。

31

能够同时欣赏到
叶片和果实的墙面设计

枸子的果实能悬挂在枝头许久，可以长时间观赏。在春季开出可爱的花朵，不断变化的景色具有独特魅力。

32

用光亮的常春藤来
润色质感干燥的外墙壁

哑光涂料的墙壁底部长满了朝气蓬勃的常春藤。由于生长迅速，可以根据情况随意修剪调整。

33

在线条纤细的栅栏上，
牵引开花的藤本植物

黄色的木香花盘在螺旋花纹的白色铁艺栅栏上，演绎出浪漫的景色。需修剪以防止生长过于茂盛。

精彩　源于数字比例

Small Garden
小花园

Large Garden
大花园

来关注黄金比例吧

黄金比例给人以和谐稳定的印象，如果造园也利用这样的数字呢？

我们在探寻打造精彩花园的绝招时，6项花园黄金比例显得尤为重要。

如果你想让小花园脱离幼稚的感觉，大花园摆脱单调的风格，就好好解读一下这些数字比例吧！

小花园必须把握的三个原则

很多小花园是以草花为主的，但如果什么都想放进来的话，空间里的重点就会不突出，显得乱糟糟的，满是孩子气。

要避免过度的压力感并突出视觉焦点，需要了解以下三个原则来打造成熟的花园。

原则1 盆栽搭配

在月季下面摆设了复古摆件和铁皮花盆，营造出既可爱又不失成熟的花园氛围。而让这一处景致彰显性格的则是近处的红铁皮盆花。正是这个花盆吸引了视线，更衬托出花园深处的摆件和植物之美。盆栽的器皿和植物选择至关重要，这里也隐藏着绝妙的数字比例。

具体 请见第 **84** 页

盆栽 黄金比例

原则2 色彩搭配

在玄关的拱门上，浅粉色、黄色、白色的月季竞相开放，搭配淡淡的水蓝色外墙，打造出非常梦幻的色彩效果。如果其中粉色过多则会显得过于甜腻，所以在颜色搭配上要巧用心思，才能营造出浪漫的氛围。想要让花园脱离幼稚，颜色搭配方面也要考虑周到。

具体 请见第 **84** 页

色彩 黄金比例

原则3 造型搭配

将各种树木和绿植搭配摆放在木质露台上，演绎出绿意惹茏却又不显狭小的放松空间。除了植物的高度和叶色，还可以通过造型的变化来营造出深远的感觉。从上方观察，各种姿态的区别一目了然，正是通过这种巧妙组合，才打造出了出色的空间效果。

具体 请见第 **84** 页

造型 黄金比例

大花园必须把握的三个原则

对于大花园来说，如果空间不能充分利用，花园容易缺乏统一和节奏感。
地面和树木占据花园的较大空间，所以也是营造出变化和节奏感的重点所在。
让我们通过地面的铺装和树木的搭配，来打造出富有活力的花园吧。

原则1　地面搭配

将花坛衬托得格外华丽的石板地面。使用自然
形状的石板乱铺，地面边缘也采用了自然曲线，与周
围的植物有机融合在一起。对于大花园来说，地面的
处理非常重要，植物与平台或小路的搭配方式可以
为大花园带来完全不同的风格。除了要考虑视觉效
果之外，易用性也是设计的重点。

具体　请见第**86**页

地面黄金比例

原则2　树木搭配A

在比较大的空间里排列种植丛生的落叶树会给人柔和的感觉，在
碧空的映衬下枝叶柔和舒展，可以打造出美好的景观效果。选择树种
的时候，如果能尽量考虑到春季的新绿、夏季枝繁叶茂、秋季的红叶、
冬季的树枝之美就再好不过了。高大树木主要为落叶树，而矮些的选择
常绿树种，则可以打造出轻快明朗的空间感。

具体　请见第**86**页

树木 A 黄金比例

原则3　树木搭配B

在大树后面可以瞥见一池绿水的景
致，本身就仿佛是书里的故事场景。塑造
这个美好景致的关键在于近处栽种的高
大落叶树。在种树的设计上多动些心思，
甚至地上斑驳的树影都可以入画。当然
如果想打造出深远的效果，也有相应的
搭配法则可循。

具体　请见第**86**页

树木 B 黄金比例

配置最佳形态的黄金比例

花盆∶植株＝ 4∶6

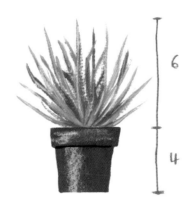

在一眼就可以望见全景的小花园里, 运用与周围环境相协调的盆栽非常重要。为了让人感到与花园景色相协调, 建议将花盆和植株的高度调整到约为4∶6的比例。如果植株过小则会使花盆过于突出, 也可以通过让枝条垂在花盆边缘或是使枝条放射状发散等方法来改变植株姿态, 调整整体的平衡。

这个比例是适合庭院效果的最佳形态。这样不会过于突出花盆, 即使摆上很多盆花也不会显得过于杂乱。

脱离幼稚状态的黄金比例

深色∶浅色＝ 2∶8

如果你想打造出高雅的花园, 那要尽量减少用色数量, 这里要注意的是深浅色的搭配。如果深色使用过多, 则花园可能会显得比较凌乱, 所以建议仅少量使用一些深色, 起到点缀和引领空间的效果。

浅色即使色数较多也容易统一, 而增加了深色后, 很容易造成杂乱松散的印象。

为花园营造节奏感的黄金比例

点∶线∶面＝ 1∶2∶7

组合叶形和柱形不同的植物可以打造出园子的宽阔感和深远感。这里所谓的 "点" 是指引人注目的造型, "线" 是指细长的草花或树木, "面" 是指枝叶繁茂的植物或大叶植物。将其控制在1∶2∶7的程度, 是打造出美好动感空间的合适比例。如果过度增加点线元素, 有可能会失去协调稳定。另一方面作为线元素的植物, 则要注意间隔不能太小。

如果在线两边的下面设置点元素, 效果会比较均衡。而面会起到缓冲节奏的作用, 所以要以线与点的设置作为主旋律。

结合株高选择种植容器

选择种植容器时要注意结合所种植物的株高,否则会破坏整体平衡,美感也会打折。

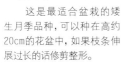

株高30cm

迷你月季

这是最适合盆栽的矮生月季品种,可以种在高约20cm的花盆中,如果枝条伸展过长的话修剪整形。

株高50cm

绣球花

这是落叶灌木,虽然买来花苗时的株高通常只有30cm左右,但培育一年后会长到50cm左右,建议选用30~50cm高的花盆。

银叶菊

这是个银色叶片的品种,在常绿多年生草花中非常受欢迎。可以种在高20cm左右的花盆中与其他较低的植物组合在一起。

彩叶草

叶色鲜艳,长势旺盛,建议使用35cm左右高度的花盆栽种。

Topics　巧用垂吊植物

组合盆栽时经常会利用垂吊植物,可以有效地调整花盆与植物之间的平衡。例如下面的照片所示,原本植株的高度与花盆高度的比例为5:5,但通过增加垂吊植物来覆盖花盆边缘,起到了调整观赏比例的效果。这种情况下常用的植物有:常春藤、假马齿苋、薜荔、蜡菊等。

利用深浅色彩营造情趣

通过在同色调中亮度的变化可以制造出多种效果。在搭配时有意识调整色彩的浓淡则可以打造出更具魅力的空间。

巧用补色增加活力

羽衣草

绽放很多黄色小花,植株长得大而蓬松,可以地栽作背景,再搭配对比色盆栽。

矮牵牛(紫色)

全年开花鲜艳抢眼,坐花状况非常好,可以与浅色花搭配起来,用于调整比例非常方便。

用同色系打造雅致氛围

月季'科尼莉亚'

开浅粉色花的杂交麝香月季,花朵成簇开放,非常容易达到黄金比例的搭配。

英国月季'奥瑟罗'

花色从深红逐渐变化为偏紫的颜色,开出鲜艳的大朵花,可以作为点缀颜色搭配占20%左右的比例。

Topics　蓝色调与黄色调

色彩可以分为稍带蓝色的基调和稍带黄色的基调。混杂了这两种基调,会显得杂乱,建议尽量在同色系内进行组合。搭配的观叶植物也尽量用蓝色系配白斑叶,黄色系配黄斑叶,这样就会显得色彩协调。

分别使用点、线、面的植物来构筑空间感

可以利用植物的叶片和果实描绘出点、线、面效果,从而提升种植的格调。建议按照各种要素的黄金比例来设计自己的花园。

面　　　线　　　点

玉簪

宽阔的叶面是表现面效果的绝好植物,有各种叶色和株形的品种,可以展现出各种不同的效果。

朱蕉

叶片呈放射状优美展开,是株形颇具魅力的常绿灌木。黑红色叶的品种不仅可以作为线形植物利用,还能起到点缀空间的作用。

柠檬

在温暖地区栽种的常绿树种,果实悬挂在空中可以起到点要素的作用,从而打造出更加立体的空间感。

Topics　具备所有要素的植物——龙舌兰

龙舌兰是点、线、面各要素兼备的万能选手。多肉且量感十足的植株整体为点,鲜明的叶形为线,宽大的叶片为面。所以其演绎出的效果非常出色。在花园里只要种上一株,就为空间带来很大的变化,摆放盆栽也会非常惊艳。

在大花盆里栽上一大株龙舌兰可以作为花园的焦点,其颇具个性的叶片彰显出当仁不让的存在感。

宽敞大花园的必用黄金比例

铺装面积：栽植面积= **5：5**

原则1　地面搭配

在延续建筑物的地方设置露台，再放上桌椅，可以在这里悠然自得地欣赏花园。

地面基本分为砖铺小路或石铺平台的铺装部分及栽种植物的栽植部分两类，这两部分的推荐比例为5:5。栽种面积过大则设计难度大，而且养护也比较辛苦，反之栽种面积过小，也就失去了花园的情趣。铺装地面可以起到衬托栽种植物的效果，漂亮的铺装地面可以让植物看起来更加美观。铺装材料对于花园的风格有很大的主导作用，所以要慎重选择铺装材料。

营造四季变化的黄金比例

落叶树：常绿树 = **6：4**

原则2　树木搭配A

落叶树可以让人亲身感受四季变化，享受不同季节的花园生活。

如果是宽阔的花园，可以栽下大棵的树，这时要考虑到的是落叶树与常绿树的搭配比例。落叶树可以在春季欣赏新绿、夏季享受树阴、秋季看叶色变化，但遗憾的是冬季虽然可以体会枝条的美感，却失去了活力的色彩。与此相比，虽然常绿树一年四季都可以带来绿色，但种太多的话也让人感觉过于沉重。无论是高树还是矮树，落叶树与常绿树的比例最好是6:4，这样可以打造出富于四季变化的花园来。

有效利用空间的黄金比例

树木搭配平衡 = **3：7**

原则3　树木搭配B

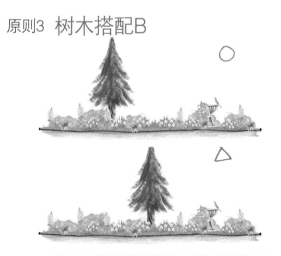

上图中将大树种在花园宽度为3:7的分界位置，而下图为种在中间位置的例子。即使是同样的花园，由于大树种植位置的不同，整体效果也会有所变化。

大树的位置会对花园整体感觉带来很大影响。如果把大树种在花园中间对半分的地方，则视线都会集中在中央位置，反倒会感觉花园小了。反之，如果把大树种在偏离中间的位置上，则视线会集中在留出空白多的一侧，整体的深远感和宽阔感都会更好。所以将大树设计在空间里3:7的分界位置上可以让花园显得从容宽敞。

利用资材效果来打造视觉差

可用于地面铺装的材料很多，最好根据花园的风格来选择相应质感和颜色的材料。不同的铺设方法也会打造出不同的风情。

规则铺设可以打造出沉稳安定感

红砖
规则铺设的红砖小路给人稳定踏实的感觉。这种简约的铺设可以与周围的植物自然地协调起来。

乱铺可打造出韵律感

铺路石
在水龙头前贴上随机形状的石板，随着不规则的形状自然铺设会形成丰富的变化，为空间营造出灵动的节奏感。

利用各种叶子搭配不同效果

落叶树在各个季节会展现出不同的观感，打造出充满自然风情的花园。在搭配常绿树和落叶树时，需要充分考虑落叶树的季节变化。

落叶树

棠棣
春季开白色花，到6月会结出红色的小果实，夏季的绿色清爽宜人，秋季还可以观赏到红叶，不同季节各有风情。

枫树
无论西式花园还是日式花园都适宜的代表性落叶树。非常有个性的叶片撑起别样阴凉，秋季更是可以欣赏到一树火红。

常绿树

油橄榄树
树叶细长，偏银灰色，灰白色的树皮表面的优美纹路隐约发光，在众多植物中显得别具风情。

月桂树
树叶深绿，经常被当作绿篱来使用。叶片健壮硬实且每片叶形都标致，存在感出众。

利用个性树木提高空间效果

通过栽种树形别致的树木引导空间视觉，增添花园的魅力。充分运用树木的自然形状，为空间氛围升级。

干练的形状给人清爽感

针叶树
是所有针叶树的总称，选择瘦长的品种描绘出纵长的线条，显得清爽干练。

高大的树形带来些许闲逸

榉树
这是拥有倒三角形优美身姿的阔叶树，给人放松闲逸的感觉，柔美的枝叶下洒下一片斑驳的树影，煞是醉人。

Topics
如果植物长大了的话

随着植物的生长，铺装面积与植栽面积的比例可能会发生变化。当然铺装地面不能轻易增加，所以可以通过在植栽空间里加入花园配饰等方式来增加存在感。建议选用与铺装地面同系列材料的配饰。

在繁茂的植物丛中加入小鸟浴盆，作为视觉落点。由于其颜色与红砖小路相同，所以起到了与地面相互呼应的效果。

Topics
高手的树木搭配

用栎木等落叶树来装点的花园。实际上这里一棵常绿树也没有，但也可以像照片中那样，在夏季享受枝繁叶茂的清爽感，在冬季欣赏有着美丽落叶的花园。作为背景的红砖外墙起了很大的作用，它像画布一样衬托出各个季节的美好，把落叶树的魅力充分调动出来。

用建筑物前面的树来分割空间，而用建筑物旁边的树收敛空间，这是非常高明的树木搭配方式。

华丽、纯美、如诗如画的
重瓣大花型铁线莲

文 | 米米　图 | 米米　奈奈与七　挖豆 513

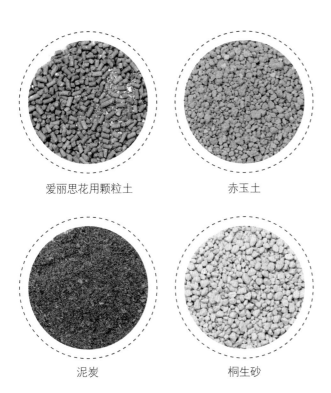

爱丽思花用颗粒土

赤玉土

泥炭

桐生砂

在气候比较多雨潮湿的地区,建议土壤的配制要考虑透水和透气性。如长三角地区,可以选用泥炭、鹿沼土、赤玉土、椰糠等基础介质,并加入调节土壤碱性的谷壳炭。将土壤分为10份的话,介质配比大致如下:泥炭6~8份、鹿沼土1份、赤玉土1份、谷壳炭0.5份,另外可以加入其他适当的介质(如硅藻土、植金石、桐生砂、爱丽思花用颗粒土、腐叶土、椰糠等)。陶盆栽种可以提高泥炭比例,塑料盆栽种则降低泥炭比例;泥炭的规格以10~25mm为佳,太细保湿性过高,太粗则不利于根系生长;谷壳炭必须是颗粒状的,不能是粉末状的草木灰;鹿沼土、赤玉土等选用3~6mm的规格比较合适。避免使用容易板结、粉化,或有病菌的土壤。

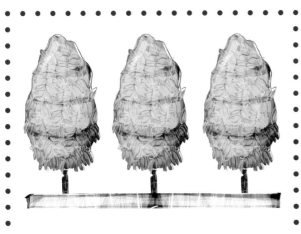

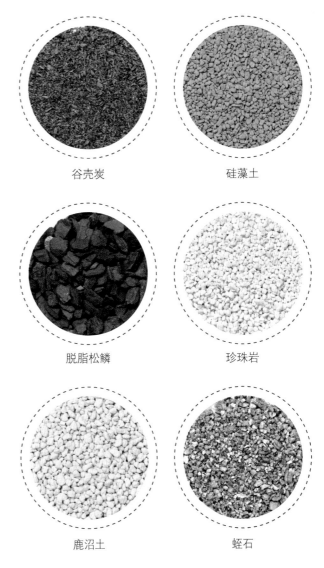

谷壳炭

硅藻土

脱脂松鳞

珍珠岩

鹿沼土

蛭石

地栽建议

若选择地栽铁线莲,建议挖一个深度和直径均超过30cm的坑,清理建筑垃圾,做好排水层,并使用上面提到的配制好的土壤进行种植。

管理和养护

为了让重瓣铁线莲能有更出众的表现，修剪、浇水、施肥都是我们的必修课。

浇水

铁线莲是肉质根，忌涝忌干旱，浇水遵循"见干见湿"的原则。一般土面以下2~3cm处干了，就可以浇水；浇则浇透，浇透的概念就是至少盆底有水流出。长期积水或者太涝（高温高湿）尤其容易引起烂根。缺水对铁线莲是致命的，尤其是气候干燥的地区和季节，千万不要忘记浇水。

在浇水方面，我一般是这样管理：气候比较干燥的时候，如早春和秋季，陶盆每天浇水，塑料盆可以两三天浇一次；空气湿度很大的时候，如黄梅天和持续阴雨，不浇水；冬季低温每隔3~7天浇水一次；夏季高温，如2013年持续2个月气温超过35℃，陶盆需要早晚各浇一次，塑料盆可以两天浇一次。此外，如果植株很旺盛，水分蒸发会比较快，需要勤点浇水。

施肥

重瓣铁线莲开花的主要季节是春季，施肥的时机主要在冬季，盆栽选择缓释肥（如美国魔肥、奥绿等），地栽可以适当施用有机肥。3月天气回暖后可以少量施用液肥灌根。种植或换盆时，也可以在花盆中使用缓释肥作底肥。需要注意的是，裸根新栽和烂根植株对肥料的耐受性差，建议先使用无肥土壤种植3个月，长势明显后再追肥。

对于铁线莲的施肥，我比较谨慎。一般给重瓣铁线莲每年秋末冬初（11~12月）追肥一次，以魔肥为主。魔肥非常适合肉质根的铁线莲，且磷肥含量高，对促花有相当好的作用。此外，生长季节如秋季，会适当追液肥，以美乐棵花卉型和花多多2号为主。春季很少给液肥，主要是因为春天开花的能量都已经在秋冬积蓄足够了，追肥的意义不大。至于喷叶面肥，我也不是很赞同，花苞遇到肥料，容易引起花苞被催熟导致开花畸形。刚种下的植株，我也是不放肥料的，一般等到长势明显后再追肥。我的重瓣铁线莲基本都是盆栽，所以很少使用有机肥。

速效肥

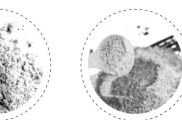

速效肥

鸡粪肥

缓释肥

搅拌浸湿备用的介质　　脱盆　　对植株根系稍做整理　　加排水层

加介质　　放入植株　　加介质　　浇水

换盆

种植一定时间后，长势旺盛的植株需要更换花盆或者更新土壤。一般选择在修剪的同时进行，如冬末修剪或七八月修剪后。换大号花盆，可以将根系进行简单整理，保留2/3以上的原土；如果只是换土，根系过多的可以剪掉部分根，并去除2/3的原土，重新栽种回原盆。

我换盆一般高发有两个时间段用后：一个时间段是立秋前后（8月上旬），另一个时间段是立春前后（2月上旬）。选择在立秋前后换盆的加以是可以结合换盆进行枝条更新，换盆换土的同时修剪衰老化枝条，换盆后重新萌发的枝条就能在10月方右开花秋花，又为来年开花做好了力。立春前后是最常碰换盆时间，换盆后正好打破植物休眠，气温也慢慢加升温，重新换栽种立刻就感受到了春季的来临。建议不要在立力前后进行换盆修剪，因为换盆修剪打破休眠后，发芽遇到霜冻，反易会得不失的。一般，其含有限个才都以换盆落间次盆，小盆换成大盆，大盆到约30cm左右时，换盆修根修十为主，或者名盆换盆，只是要把接近根上都没有目的的枝条，整理好老枝条，进行学习到别型，各老去在就会直接开花状。

萌发

93

修剪

　　修剪铁线莲的主要原则是打造一个整洁完美的株形，促进生长，刺激抽枝和开花。重瓣铁线莲为二类修剪，冬末（1月初至2月初）剪除枯萎和没有芽点的枝条，留下尽量多的健壮枝条，修剪后将枝条整理并捆绑造型。开春这些枝条的壮芽，基本上就是一个芽一朵花，无与伦比的华丽。

　　春天花开过之后的修剪对植株的复花和生长至关重要。建议花后先修剪残花，如需要扦插备份，可以在这个时候剪取枝条来进行。如植株种植年份比较久了，需要对枝条进行新老更替，可以在7月底8月初将活力不足的枝条剪去，重新萌发的枝条又将是第二年开花的主力。重瓣铁线莲的每个新枝条都能开花，所以秋花也很让人期待。

二类修剪

三类修剪

1. 一类修剪（轻剪，轻度修剪）。主要修剪残花，以及老化的枝条和过度繁密的枝条。
2. 二类修剪（中剪，中度修剪）。即修剪小部分枝条。一般指留7节以上枝条。
3. 三类修剪（重剪，重度修剪）。即剪掉大部分枝条。区别于中度修剪，也不是剪掉全部枝条。一般留7节以下都可归结为重剪，建议重剪至少留3节。

牵引

　　花架对重瓣铁线莲来说至关重要。盆栽可选用高1.5m左右的塔形花架、拱门或防腐木网格，地栽可以选用高2m左右的塔形或单片式花架。塔形花架对应螺旋式枝条缠绕牵引，拱门只需要将枝条均匀固定在支架上，网格类的花架则更适合使用扇形牵引和固定。

Z形牵引

适用于平面网格较窄的花架。生长季节或者冬季修剪时，将枝条以Z形牵引固定，多根枝条可以错开分布，开花时整个花架繁花似锦。

S形牵引

适合小型塔状花架，尤其是盆栽铁线莲造型。将枝条以S形绕着花架牵引，可以在生长季节每天牵引或在枝条最不容易断裂的冬季结合修剪进行。开花时，可以做到360度无死角，丰满而美观。

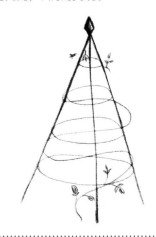

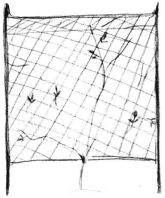

扇形牵引

适用于平面网格或面积较大的花架。生长季节或者冬季修剪时，将枝条平均分布于网格花架上，春季开花均匀，简洁美观。

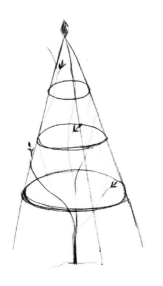

塔状花架垂直牵引

适合大型塔状花架，让植株以自然生长的状态爬满整个花架，节约了人工牵引的精力。

拱门笔直牵引

适合没有时间或牵引技术欠佳的花友，让枝条自然生长，做好枝条与花架的固定就可以。

拱门双向S形牵引

适合跨度不大的拱门或者长势较强健的品种。在生长季节随时牵引，或者冬季植株枝条韧性最强（最不容易折断）的时候进行人工固定。将两棵铁线莲枝条均匀分布于拱门，充分利用花架空间。

病虫害的防治

潜叶蝇、红蜘蛛和蓟马发现后可以使用阿维菌素、护花神、天然卫士、蚍虫灵等药物，一周一次，连喷两三次。此外，持续下雨3天后也可以喷上述药物。其中，蓟马一般发生在夏季，症状容易和烂根混淆，夏季发生顶端嫩叶焦黑就要考虑是否为蓟马虫害。

枯萎病

枯萎病最典型的症状是叶片发蔫，高发于花苞期（3月底至5月初）。枯萎病一般有病灶，如根茎结合部枝条受感染，或枝条连接处在大风天被强烈摇晃，都可能引起枯萎。虽然很多教科书上提到深埋枝条可以预防枯萎病，但江、浙等湿度偏大的地区，深埋的枝条在土壤里很容易被腐蚀侵害，更易引发枯萎病，所以建议如需深埋枝条促笋芽，可以在每年10月后加高土壤，到翌年3月再把表土去掉一部分，只要正好埋住根就好了。每年3月开始使用一些杀菌药物，可以有效抑制病菌生长，从而预防枯萎病。

烂根

一般由高温高湿或肥料过多引起，易发于每年五六月份。直观的表现是枝条陆续从根部到顶端枯萎，翻盆会发现根部发黑，有腐烂迹象。使用透气介质、按需浇水和合理使用肥料可以有效避免烂根。

又称菌核性根腐病或菌核性苗枯病，易发于高温、湿闷、有机物丰富的环境。植株最初表现为生长缓慢，然后逐渐枯萎。受害的根茎表面或近地面土表覆有白色绢丝状菌丝体，后期土表会有油菜籽状的颗粒菌核。避免使用未发酵有机肥、种植环境通风良好、介质中加入谷壳炭，可以有效避免白绢病。

潜叶蝇

潜叶蝇幼虫会钻入叶片组织中，潜食叶肉组织，造成叶片呈现不规则白色条斑，好像一条条轨道。感染这种虫害会导致叶片逐渐枯黄，造成叶片内叶绿素分解，叶片中糖分降低，严重时被害植株叶黄脱落。

红蜘蛛

红蜘蛛为蛛形纲叶螨科害虫，学名叶螨，长0.42~0.52mm。很多植物都会感染这种虫害，多发于高温干燥不通风环境；为害方式是以口器刺入叶片内吮吸汁液，使叶绿素受到破坏，使植物失去光合作用能力，叶片呈现灰黄点或斑块，叶片变黄、脱落，甚至落光，严重时可导致植物死亡。

蓟马

一种吸食汁液、体型微小的害虫，多在夜晚活动。它进食时会造成叶片与花朵的损伤（焦黑、皱卷），影响美观，更影响植物生长。

了解铁线莲的这些基本特性和种植需求后，我们来看看重瓣铁线莲有哪些特别之处。重瓣铁线莲的常见品种：'恺撒''约瑟芬''水晶喷泉''多蓝''蓝光''钻石''琉璃''美登丽''新紫玉''北极女王''沃金美女''天盐'等。这些品种均为始终重瓣型，新老枝条均开花；二类修剪（即中剪），既可盆栽亦可地栽。针对这些特性，就可以为重瓣铁线莲量身订制种植计划了。

'恺撒'（又名'皇帝'）

　　日本品种，重瓣中到大花，外层花瓣深粉色，里层花瓣萼片状，有时呈丝状，花心由绿转白再转粉红色，娇艳大方。生长迅速，初春季大规模开花，夏秋季也会开花，温度越高颜色越深。多次夺得国际大奖。

'北极女王'

　　纯白色全重瓣大花，花心为黄色，开花旺盛，适合小花园或者盆栽。

'约瑟芬'

　　英国品种，重瓣花，粉色花瓣中部有深粉色的条纹，花瓣数量多，漂亮华丽。株形紧凑，长势迅速，日照不足偶尔会开绿色花。既可以盆栽也可以地栽，适合各种造型的花架。

'多蓝'

　　荷兰品种，深蓝色重瓣大花，里层花瓣萼片状，有时呈丝状，新老枝条都开重瓣。适应性强，生长迅速，适合小庭院种植，尤其适合盆栽于阳台或露台上，可攀爬各种藤架。

'新紫玉'

日本品种，深紫色，全重瓣品种，花形紧凑，花瓣层层叠叠，背面有白色绒毛，阳光下散发着金属光泽。长势较慢，适合盆栽。

'琉璃'

日本品种，雪青色，全重瓣，花形略小，但紧凑可爱，适合小花园和盆栽，新老枝条都开重瓣。

....

'水晶喷泉'

又名蓝仙女，日本品种。颜色随温度和日照多变，浅蓝色到蓝紫色大花，长势非常迅速，适合各种花架。

'钻石'

日本品种，颜色多变的华丽重瓣大花。可开出粉紫、蓝紫、深蓝等多种颜色，重瓣程度极高，春天老枝条根部到顶端都能开花，夏秋新枝条亦能开出繁茂花朵。适合盆栽。

'春姬'

日本品种，粉色全重瓣大花，非常迷人。株形紧凑，长势较慢，日照不足时开花偏绿色，适合盆栽。

'青空'

日本品种，非常接近'琉璃'。

'路易罗维'

春季老枝条重瓣品种，重瓣程度高的时候接近大丽花。粉紫色的花瓣搭配嫩黄色的花药，散发着温柔的气息。

'蓝光'

英国专利品种。颜色接近牛仔蓝，始终重瓣，花开到后期好似一个个蓝色的狮子头，可爱又美丽。生长强势，一棵就能爬满一片篱笆。

'美登利'

日本品种，难得的绿色全重瓣品种，株形紧凑，适合盆栽。

铁线莲
其他品种介绍

铁线莲为毛莨科铁线莲属植物，健康植株夏天可耐40℃的高温，冬天可以忍受-15℃的低温。修剪方式可分为：一类（轻度修剪）、二类（中度修剪）和三类（重度修剪），这里的"剪"特指冬末开春的修剪方式。铁线莲根据开花形态及开花时间可分为：常绿组、长瓣组、蒙大拿组、早花大花组、晚花大花组、佛罗里达组、全缘组、德克萨斯组、南欧组、卷须组等。重瓣大花铁线莲均为早花大花组。

作者简介：米米

"80后"，家住浙江北部太湖边的湖州市。2010年初疯狂地爱上了园艺，从最热衷的铁线莲到越来越多人喜爱的多肉植物，家中俨然成了一个花圃。2012年，机缘巧合购置了一套小排屋，一家三代人住在一起共享天伦的同时，也有了更多的种植空间。于是四季、铁线莲、天竺葵、绣球、多肉、各种应季草本，都在她家留下美好的身影。

花种得多了就喜欢写点小文，将种植过程、生长过程记录下来，亦或是将小小经验分享出来，既可以和花友们一起探讨种植难题，又可以结识更多的朋友，这是一种非常减压的生活方式。

代表著作有《铁线莲栽培12月计划》。

关于修剪

冬末开春修剪

一类修剪只要把枯叶去除就可以了；二类修剪从无饱满芽的节点开始剪；三类修剪全缘组贴地重剪，晚花大花组建议留3~7节枝条修剪。

花后修剪

一般花后修剪，40~60日会开第二波。一类修剪的品种，只要剪残花和多余的枝条。其他品种建议花后先修剪残花，7月底再剪掉开过花的节，这样大概10月左右能集中开秋花。

绿手指园艺研修之旅

夏秋花园拜访

北海道园艺研修之旅

《Garden&Garden》杂志社（《花园MOOK》日文版出版单位）与绿手指园艺编辑部精心策划，为花友推出最为细致、地道、轻松的日本园艺研修之旅。行程涵盖最地道的私家庭院、著名花园，并包含特色交流、温泉泡汤、五星级美食等独家行程安排。

7日之旅

■ 绿手指园艺北海道研修之旅的亮点

1. 北海道知名花园深度游览，与花园主现场交流
- 北海道园艺界女神上野砂由纪带领游客参观上野农场、风之花园，并交流花园创作过程。
- 与银河庭院主人共进午餐，参与玫瑰摘采、胸花、玫瑰果酱制作与品茶。
- 与北海道"Open Garden"协会会长内仓女士交流并参观各地私邸花园。

2. 北海道知名花园，园艺杂货铺一网打尽
- 上野农场，风之花园，银河庭院，各位园艺大师的私邸花园。
- 全日知名园艺商店：各种日式园艺杂货、园艺工具，带您一网打尽。

3. 全程五星级食宿，感受最高端旅行体验
- 北海道的牛奶、和牛、帝王蟹、芝士火锅、雪水融化酿制的啤酒，每顿都不一样的美食盛宴。
- 入住全日本早餐排名前十的酒店及五星级温泉酒店。

报名方式：

咨询电话：

027-87679461
027-87679448

周一到周五9:00-17:00
等候您的来电!

发送姓名、联系方式、身份证号至
green_finger@126.com
名额有限（15~20人），预订从速!
预订需付5000元定金，请您通过以下方式付款到我方：
1. 户名：**武汉绿手指文化传媒有限公司**（付款时请注明日本园艺研修之旅）
账号：4218604060188000011518
开户行：交通银行洪山支行
2. 支付宝付款账号（付款时请注明日本园艺研修之旅）
gthomes@163.com 武汉绿手指文化传媒有限公司

Spot 1
上野农场〈旭川市〉

上野农场是由日本园艺界代表，第六代农场主上野砂由纪与其父母共同打造的花园。这块在稻田上建立的北海道风情花园由"妈妈的花园""镜像花镜""圆形花园""听见水声的庭院""白桦树小路""吹雪甬道"和今年刚开放的"地精的花园"组成。花园巧妙地利用了多年生宿根植物，与英式乡村设计相结合，深受国际园艺设计界好评。

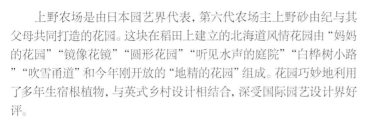

Spot 2
大雪森公园〈旭川市〉

大雪森公园占地面积170 000㎡。在这广阔的大雪山里有著名的花园设计师上野砂由纪与高野LANDSCAPE PLANNING共同创作的"花与森林"庭院，还包括活跃于世界各地的造园师设计的竞赛获奖庭院。作为2015年"北海道花园秀"主会场，大雪森公园里面的花园创作出了融合自然环境、人文概念的未来花园空间，在这里"花园"不全然是赏花而已，还能带给花友们关于植物与人关系的不同思考。

Spot 3
风之花园〈富良野市〉

风之花园是拥有2 000㎡面积的英式花园，曾是电视剧《风之庭院》的拍摄舞台。为了拍摄这部电视剧花费3年时间所造的"风之庭院"，栽植了20 000多株以适应北国气候品种为主的宿根草。每个季节所开放的花卉有365个品种。

花畑小路的深处有屡屡出现在电视剧中的"绿色温室"，就像剧中的情景出现在现实中来迎接游客。电视剧拍摄结束，又经过了几年的光景，日渐成熟的风之花园已成为充满北海道魅力的园艺胜地。此处由上野砂由纪女士设计监造。

Spot 4
富田农场 〈富良野市〉

富田农场是富良野地区的知名赏花胜地，近年北海道薰衣草观光的必去景点。富田农场的名称来自第一代农场主人富田德马的姓。公元1903年时，富田德马先生在北海道富良野这个地方开设农场。到了1958年，第二代农场主人富田忠雄与妻子为了培育作为香料用途的熏衣草而开始种植薰衣草田。后来又因为日剧《来自北国》以富良野市为舞台而变得名声大噪，成为日本知名的观光景点。

Spot 5
银河庭院 〈惠庭市〉

银河庭院占地10 000㎡，是30个连续不断的主题设计组成的英式花园。由英国著名的造园家，曾在英国皇家园艺学会举办的花艺展上荣获6次金奖的Bunny Guinness设计监造。1000多种植物根据设计主题和季节不同展现其最佳表现形式，令人流连忘返。

Spot 6
私家花园拜访 〈惠庭市〉

位于北海道的惠庭市是一个非常特别的地方，当地居民们会向游客开放自家后花园供人参观，而这正是这座英文名为"Garden City"的惠庭市的城市规划! 30年来，惠庭市的居民们会以"Open Garden"的方式，将自家花园开放给来自各地的花友参观，而《Garden&Garden》杂志会精选最具特色的"Open Garden"供中国花友拜访。

北海道园艺研修之旅

第一天

上午

8：15中国上海浦东机场起飞
12：30日本札幌新千岁国际机场

下午

由机场乘观光大巴前往岩见泽
下榻酒店、自由观光岩见泽夜景

第二天

上午

酒店用早餐
小岩山花园参观
松藤老师讲解

下午

小别墅花园参观

下榻旭川温泉酒店

第三天

整日

酒店用早餐
上野农场参观，上野老师讲解

第四天

整日

酒店用早餐
富良野参观，参加互动的课程

下榻温泉酒店

第五天

上午

酒店用早餐
惠庭私邸花园参观

第六天

上午

酒店用早餐
ECORIN村参观
玫瑰酱制作与玫瑰茶品尝

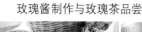

下午

银河庭院参观

第七天

整日

乘大巴前往新千岁机场，
搭乘国际航班回国

风之花园和上野农场所见的北海道花园的魅力

风之花园的照片……K
上野农场的照片……U

参观北海道所有花园的著名景点，是绿手指花园研修之旅的目的。本次6月和9月的北海道之旅将更加深度探访最佳季节的北海道花园，下面就请上野农场的砂由上野女士为我们详细解说上野农场的魅力。

和北海道的大地气息浑然一体的花园

上野女士提倡的"北海道花园"到底是一个什么样的概念呢？

"事实上，我是怀着对英国花园的憧憬开始造园的，人们说起上野农场，也经常评论它是英国花园。在长期被这样评论的过程中，我渐渐感到一种违和感，现在我想回答的就是，我建造的这些花园无论在历史上还是环境上都不同于英国花园，所以不应该叫作英国花园，而应该叫作北海道花园。"

北海道冬季漫长，随着积雪融化，春天仿佛一夜间就到来了。因此，本地能够欣赏花园的时间很短暂，种植的植物与温带地区相比也很受限制，从某种意义上说这是对园艺不利的环境。但是上野女士说，正是这种特点造就了凝炼的美感。"这也是北海道花园的终极魅力。无论是铺陈在大地上的花海，还是一般住家的小花园，正是有了这些特点才称之为北海道花园，体现出只有在这里的土地和气候中才能表现出来的花园的存在感。现在是反思这件事的时候了。"下面，我们就以上野农场和风之花园为例子，来探寻北海道花园的独特魅力吧。

北海道独有的开花特性　1
适合密集种植的环境条件

北海道没有梅雨季节，与其他地区相比湿度也更低，所以植株间不需要太大间隔，即使密集种植也不会闷，可以随心所欲地设计。

右/以泽兰为背景的群植，映衬出质地迥异的蓝刺头。在这里非常怕闷的蓝刺头也可以密集种植。

左/在前方开放的是楚楚动人的唐丝草，这是一种接近高山植物的山野草类，和藿香搭配后形成草地般的植栽风格。

下/俯瞰下去，花园种植密度一目了然，为了在广阔的花园里发挥出存在感，群植是基本。

开花期的重合

积雪融化后，春天在瞬间来临的北海道，植物几乎同时迅速地成长。在其他温暖地区很难见到的组合美感，令人惊叹。

风铃草（初夏） **飞燕草（春）**

斗蓬草（初夏） **毛蕊花（春至初夏）**

日光菊（夏）

以黄色花为中心，看上去光彩照人。不同株高和质地的植物一起开花，构成空间的韵律感。

花葵（夏） 好像花海般的角落，飞燕草、牛舌草的美丽蓝色和粉色系花葵对比鲜明，而风铃草又柔和了整体氛围。

千屈菜（夏） **毛蕊花（春至初夏）**

松果菊（夏）

婆婆纳（初夏）

除了开花期长的毛蕊花，还补充了松果菊和千屈菜等亮色的花朵，来打造盛夏风格的花园。

令人呼吸停止的花色之美

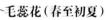

纵长的日本列岛上，不知是因为光线的差异还是昼夜温度的差距，每一种花的花色都呈现出难以言传的美，让人不断惊叹："这真的是同一种花吗？"

蓝蓟
不可思议的奇异花形，还可以欣赏到发着紫光的梦幻般的颜色。

婆婆纳
婆婆纳映衬出明亮的叶色和日光菊的亮黄色，它好像紫色火苗般摇动的姿态让人印象深刻。

牛舌草
让人想说："没有见过牛舌草就不能说见过真正的蓝色。"色泽极佳的花朵。

专属北海道的宏大的风景

借助远景来创造画中的景致

和都会中相比，妨碍景致的东西很少，相反山岳等自然景色就在身边，把周围的景观化为花园的一部分，让花园充满自然的魅力。

融入山岳和森林的风景

上/被群山包围的风之花园，虽然是人工建造的花园，但是和周围的风景融为一体。

下/引入大量在原野上也可以看到的荻花等野生植物，造就了花园和山岳、森林等紧密相连的景色。

一望无际的蓝天

上/清晨没有掺杂丝毫杂质的纯净蓝天。森林的轮廓渐渐升起，一条笔直的红砖小路造就了印象深刻的风景。

中/蜀葵是蓝天的好伙伴，向空中伸展超过2m，这种夏日风物诗般的植物是我的大爱，所以种了许多。

下/上野农场背后的射之山的山体和清澈的天空形成对比，恰好适合野罂粟摇曳的野生草地风格花园。

植株较高的草花

右/超过3m的大型植物（照片左侧）和在具有分量感的草花中间被淹没的温室。
左/在母亲花园里随意种植的蜀葵等高大植物，盛夏时轻易超过了小个子砂由纪的身高。

在铺陈到一定程度的花园中，只有草花容易造成杂芜的感觉。大胆选用植株较高的植物进行群植，可以在花园中产生高低差，从而形成韵律丰富的空间。

即使使用同样的植物来种植，气氛也不一样

黑心菊

以超过2.5m高的大型野生黑心菊为中心来种植，可以发挥出极大的存在感，即使没有树木，也可以营造出富有高低差的景色。

种植的植物左右对称的镜像花园。斗蓬草好像发光般的黄色把空间装点得紧凑起来。

斗蓬草

风之花园里不规则地引入了植株较高的植物和大型植物，为了强调出它们的存在感，采用了更加富有分量感的种植方法。

这是夫妻俩到访科兹沃尔德地区时拍下的照片。图中的石头镶边（窗框处的装饰）是女主人最中意的部分。

植物掩映下的红砖住宅，
仿佛是一处英国乡间的小屋。
我们造访这座花园时，
主人夫妻俩告诉我们：
"造园是从建房子开始的。"

爬满铁线莲和月季的英国风花园

迷上了在英国旅行时感受到的厚重而华美的欧式风情

　　日本的八岳山麓，是气候宜人的高原地带。别具风情的神谷家就位于这里的一个别墅区，一眼看去，仿佛是西洋画中的景致。神谷夫妇原本生活在爱知县的工业区内，通过一个偶然的机会买到了环境景色都中意的地块，夫妻俩都非常喜欢园艺，坚信自己搬到这里以后一定能打造出非常棒的花园。"从决定搬家的那一刻起，我们就已经决定以花园作为我们的生活中心，包括房子本身也是按照整体花园和谐的思路设计建设的"（男主人），所以夫妻俩的花园建设是从建房子开始的。整体上想要英国乡村庄园的感觉，主要是受他们旅行时曾到访过的科兹沃尔德私家庄园的影响。

　　"厚重的红砖墙上，攀爬着可人的月季和铁线莲，非常迷人。当时我想，我也一定要造一面这样爬满花的砖墙"（女主人）。而自家墙上的石头饰边设计，也是在英国的私家庄园发现的。设计公司按照女主人的要求，参照他们旅行拍回来的照片进行了特别设计。

　　他们在等待搬入新房子的时候，也开始了梦想中的花园建设。

上/在特别定做的铁艺门上金链花舒展花枝。

右/藤本月季攀缘其上的红砖墙，与欧式风格的石头花盆相映成趣。

Stylish Garden

规则式花园中的小鸟浴盆和狮子是从欧洲建材店采购来的。

用自己的双手一点点打造梦想，仿佛回到了斗志昂扬的少年时代

使用黑白地砖打造出国际象棋棋盘的效果。现在水池正在施工，打算种在池子周围的黄杨树苗暂时摆放在这里。

Stylish Garden

入门玄关的地方牵引了白色蒙大拿铁线莲'雪花'（'Snowflake'）和粉色蒙大拿铁线莲'伊丽莎白'（'Elizabeth'），与铁艺门相映成趣，打造出一派欧式风情。

这座花园里的众多配件都是夫妻俩亲手制作的。男主人说:"这样可以把各个角落都打造成自己想要的样子,而且不满意还可以随意修改,所以尽量都是自己制作。"其他资材的选购也是遵循自己的原则。他们在爱知县生活时认识一位销售欧洲建材的老板,与他们在欧式花园方面看法非常统一,所以如果想到有需要的材料就告诉他,他会在进货的时候帮忙寻找。如果觉得形容不清楚想要的感觉的话就干脆跟着一起去进货。

"比如石头,大小形状各式各样,一定要自己去看一看、摸一摸才能找到最适合的。幸好我们认识了经营欧洲建材的老板,才能这么随心所欲地找到最中意的材料。"

现在夫妻俩想要在门前15坪(约50㎡)的区域里,逐步实现小河和小桥的构想。"先造出小河和水池,之后再在小河上架桥,这也许需要5年的时间。"

自己设计,再用自己的双手实现的过程,有种仿佛回到孩提时代的惴惴不安和跃跃欲试,每天多一些变化,神谷家花园的造园之路来日方长。

上/从暖房望向入门玄关的场景,在暖房中放置了铁艺椅子,经常在这里边欣赏美景边用早餐。

右/神谷先生非常喜欢古典月季'皮埃尔·欧格夫人'('Mme. Pierre Oger')的浅粉色花瓣。

金叶刺槐'弗里西亚'与红帝挪威槭搭配在一起作为标志树。主人说这种搭配最初是在岐阜县的花博会纪念公园遇到的,因为非常喜欢,就把它们种在了自己的花园中。

在入门玄关旁的砖墙处,各种植物交相辉映。这里将蒙大拿铁线莲、藤本月季、金链花搭配在一起,牵引搭配时是充分考虑过相关比例才进行的。

可观赏、可食用的美丽花园

从零开始的收获花园

五岛直美〔KOTOU NAOMI〕

从事花园景观设计及插画制作，亲手设计了许多家庭住宅的花园景观，如今运用自身的经验及知识，正在自己家中打造一座把植物种植得生机勃勃的收获花园。

今后的花园式菜园将不仅仅只是收获而已，外观的妙处变成了"关键"。作为活跃的花园景观设计师兼插画家，五岛直美女士将从这期起以连载的形式介绍她打造菜园的过程及重点。

把四角用黄杨包围起来，中间是紫甘蓝，周围则种植紫叶鼠尾草及野草莓。

石砌的花坛居然是一块小小的菜田。欧芹及南瓜搭配玛格丽特及铁线莲属，打造出既繁茂又温暖的氛围。

1 察觉到植物所拥有的魅力

颜色丰富多彩、形态也千奇百怪的蔬菜。抛开在田地里培育蔬菜这一固有概念，关注果实和叶片的美丽颜色及变化丰富的形态，诞生了极具个性的时髦花园。

绿色的花盆里大胆地种植了雅致的红甜菜。搭配紫甘蓝的容器，花园的一角变成让人印象深刻的景观。

种植了几株大叶片的紫甘蓝，富有存在感。选择撞色搭配的万寿菊，加强了突出点。

如今在自家的花园里享受种植蔬菜的人越来越多了。现状是人们把重点都放在收获上，而将其作为花园一景去好好经营的却似乎不太常见。但是，正如在欧美国家被广泛实践的，从今往后的菜园将更加注重设计性。草花和蔬菜搭配在一起健康生长的美丽场景正在逐渐变得受欢迎起来。

在此，花园景观设计师五岛直美女士提出了在自家花园里从零开始打造既能从视觉上去享受、还能收获的家庭花园设计方案，介绍了让四季草花和应时蔬菜一同绽放花朵、结出果实的个性化花园的搭配方法。

下面将介绍如何了解花园情况、制订计划到打好基础的要点，以及植物选择、栽培的理想方法。

不论是已经实践过菜园种植的人，还是今后想要挑战的人，这都是一次以全新的视角去拥有一个"可观赏、可享用"的生机勃勃的空间的机会。

了解植物的魅力及特征，试着去完成一座充满创造力的花园吧！

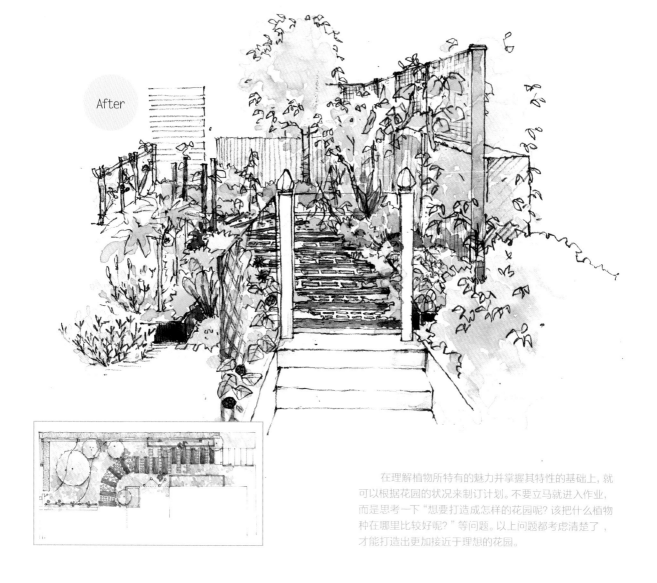

After

在理解植物所特有的魅力并掌握其特性的基础上，就可以根据花园的状况来制订计划。不要立马就进入作业，而是思考一下"想要打造成怎样的花园呢？该把什么植物种在哪里比较好呢？"等问题。以上问题都考虑清楚了，才能打造出更加接近于理想的花园。

2 运用植物的特性和特征

巧妙利用各种植物的生长方式及颜色形态，造就更加自然、外观也让人享受的空间。只有了解植物特性，才可能采取适宜而不勉强的种植方法。

3 客观地观察花园的现状

空间大小就不用说了，向阳背阴的场所、通风及土壤的状况等，从所有这些方面来观察花园。了解状态后，再选择植物和栽培以及进行栅栏等硬件的施工，才能打造出一座环境优美的花园。

①朝着同一个方向舒展的草莓从树木枝条搭成的花坛上垂下来，为大门前的通道增添了色彩。搭配白色假马齿苋，形成红白交错的浪漫空间。②西蓝花等会生长得十分高大的品种种植在里面，前面则种植长得较为低矮的蔬菜。通过搭配金盏花，抑制土壤细菌的繁殖。③拱门等于月季，是理所当然的。但这里种植了垂吊型的小果番茄，一边收获一边快乐地穿过拱门。

Before

好好观察横向狭窄、纵向细长的院子后，发现屋檐下有些地方干燥，也有光照不好的局部，同一块地，状况十分不同。

115

基础建设

作为打造花园的根基，细心谨慎地进行基础建设十分重要。

然后建造防止土壤流失的挡土墙……

设置围住四周的围栏，并借由大门前的通道和地面铺装设计来确保行动线，稳固的基础建设对花园设计有着莫大的影响。

围栏

主要作用是遮挡和间隔，围栏及花格墙对于打造绿意葱茏的空间不可欠缺。能够简单地进行安装，制造出墙面，打造出一座具有立体感的花园。

用树枝自然地隔开

并不只用人工的东西，树木的枝条等也可以加以活用。人工所制造不出来的自然氛围很适合花园的天然景色。

使用三叉分支的枝条，装饰性地进行分隔。枝条的接合处不牢靠的话，可使用铁丝进行自然固定。

简单安装市售的产品

沿着和邻家的边界线及道路安设围栏。市售的产品部件齐全，只需组装而已，安装十分简单。

用花格架包住围栏

为了遮挡住给人坚硬印象的围栏，使用木制的花格架。尽可能地花费功夫让花园看起来自然。

把网片用铁丝固定在本来就安设好的围栏外侧。

在建材超市购买的"新红杉木"围栏。配合想要安装的范围，还可购买单个网片。因为安装简单，女性也可完成。为了和原有的灌木篱笆融为一体，使用木材保护漆刷成了绿色。保护漆还有防虫的效果，完成之后就在这里搭配上垂吊型的植物，制造出一面绿色墙壁。

为了让花园被绿意包围，在这里牵引了树莓及黑莓。长成后整片墙壁都会变为绿色。

挡土墙

挡土墙用于防止土壤流失。在单调且大面积的栽植区域里做出有创意的设计，挡土墙也能化身为景观亮点。通过制造出高低差，还有让空间看起来宽阔的效果。

把树枝捆起来进行点缀

经常看到砖块及石材制作的挡土墙，若是改为使用和花园十分般配的树枝制作，也会赏心悦目。通过高度的调整，给人的印象也会改变。

巧妙使用长度及粗细不同的树枝，均等地捆扎是重点所在。空隙之间用石头填满，防止土壤流失。

完成之后的挡土墙的全长大约是8m。种植也配合花园的设计风格，像是在描绘抛物线似地种植。

地面

有时花园只靠栽种难以带来变化。通过组合搭配石头、砖块及枕木等各种不同的素材和形状，完成独具一格的通道及地面。

地面也要关注

受原材料及形状局限，在材料的组合上要花费工夫。精心打造时尚又富于变化的地面。

将尺寸不同的砖块、小方块石、枕木用沙子和灰浆进行固定，空间就会产生变化。砖块的下面是枕木，接着是小方块石，在决定顺序时要考虑到完成后的外观。这次是将建筑用的垫块当作小方块石来使用。改变使用方法，造就富有个性的亮点。

其他

并不限于实用性的东西，精美的装饰物也是为花园增光添彩的重要元素。灵活地使用枝条，打造出有立体感和规则变化的空间。只要以游戏般的童心去安设就好！

带着玩心，在花园里加入装饰物，造就动态的空间。即使只插上几根树枝，也增加了丰富的表情。

立起树枝，造就画面中的突出点。枝条之间用铁丝连结，藤蔓缠绕的绿色栅栏值得期待。

通过立起方形尖顶塔，在花园的中心位置演绎立体感。这是为了四季豆及苦瓜等藤本蔬菜而安设。

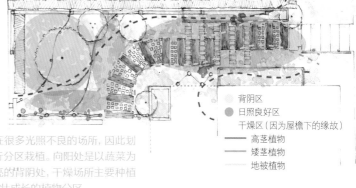

设计和培育

栽植

栽植是植物健康生长与花园整体美感的重中之重。

把特性相似的品种集中到一个地方的生态种植和共荣作物栽培法，既可以预防病虫害，植物也得以更加茁壮地生长。

此外，如果在配色上再加以注意，花园的氛围和美感也会得到提升。

色彩平衡

不仅仅作为菜园，作为花园也能其乐融融，栽植的配色就成了重点。把色彩集中起来，形成一个兼具统一感和变化性的空间。

用配色来表现变化和协调

打造一座温馨恬静的花园，以绿色为基本色，加入约两成的浓烈黄色品种和斑叶植物，再搭配一些红色叶片作为对比系的焦点。

在这里种植了两种颜色的紫苏，茂密生长时存在感十足。种植不同颜色的同一品种，反差色不会太突兀。而通过斑叶植物金钱薄荷，让周围看起来更明亮。

左/在种植了南瓜的空间里借由色彩鲜艳的彩叶草添加反差色。因为和紫苏的叶形十分相似，自然而然诞生了统一感。

右/青翠的迷迭香及苦瓜附近是具有反差色的红叶美人蕉。叶片的形状富于变化，造就出观赏性十足的角落。

日照

充分考虑日照良好、背阴、干燥等情况，进行符合实际情况的栽植。也可以通过塔形花架等进行人工光照的调整。

五岛女士的花园紧凑狭小，存在很多光照不良的场所，因此划分为向阳、背阴、干燥三块区域，进行分区栽植。向阳处是以蔬菜为重点，玉簪及淡黄花杜鹃则种在明亮的背阴处，干燥场所主要种植讨厌湿气的香草类，这样就构成了健壮成长的植物分区。

背阴区
日照良好区
干燥区（因为屋檐下的缘故）
高茎植物
矮茎植物
地被植物

生态种植

考虑植物特性的栽植十分重要。把同一性质的品种集中种到一起，其中需要较多管理的蔬菜种在草花前方，方便工作。把大小不一的植物进行搭配，空间也会变得整洁。

不只是外观，也考虑到了生长的栽植

外观的美好和植物的生长，考虑到这两方面的巧妙平衡才是决定胜负的招数。不论欠缺了哪一方面，作为收获花园来说都是失分的。

共荣作物栽培法

特性相合的植物搭配一起种植的话，既可避免病虫害，还可期待对生长的促进作用。种植蔬菜要尽可能地避免使用农药，活用植物之间共生所衍生的力量吧。

利用日本和西洋的香草种出健康的蔬菜

将红紫苏、绿紫苏、罗勒等香草类植物搭配蔬菜进行种植，可以预防虫害。了解各种植物的搭配属性，种植可以更顺遂。

上左/将红紫苏、绿紫苏前后种植，规避害虫。搭配与紫苏一样喜好水分的黄瓜，管理起来也很简单。

上右/番茄的前面是罗勒。罗勒会帮助番茄的生长，让其味道更好，还能预防白粉虱等害虫。

左/茄子的旁边种植了欧芹，避免根部干燥。茄子是深根性植物，而欧芹是浅根性植物，因此根域区不存在冲突竞争。

117

把外观不同寻常的植物作为突出点

After

南瓜叶子茁壮成长的角落，选择搭配了棣棠花等高大的植物。
大门前的通道也使用大大的砖块，制造出一个通畅的空间。

精挑细选原材料，进行有质感的基础建设，按照植物的特性、色彩及风格进行栽植，造就了蔬菜和草花融为一体的花园。

"第一次打造收获花园，不懂的地方很多，应该也会觉得不安。" 五岛女士说。但是，只要通过制订计划来逐步打造空间，这样的不安就得以解除。

五岛女士的花园也是经过了3个月左右的时间，变身为"只是看着也很让人享受"的出色花园。伴随着四季的草花，应时的蔬菜茁壮成长，也为花园增添了色彩。

"经常会被认为太费劲的围栏安装，试着去做的话，就是一眨眼的功夫哦。"进行通道的砖块铺设及安设塔形花架也是如此，只要鼓起勇气试着去开始，其实即便是女性也能毫无困难地完成。现在，围栏上缠绕着苦瓜的藤蔓，结出了沉甸甸的果实，仿佛绿色的墙壁包围着整个花园。

从计划之日起，五岛女士就以尽可能地不依赖药物为目标，利用植物的特性，并尝试使用共荣作物栽培法促进生长，将特性相合的植物种植在一起，几乎不用使用药物，就成功培育出了健康的蔬菜。

考虑到照顾时的便利性，将蔬菜种到比草花更加靠前的地方，方便收割。此外，将喜好酸性土壤的植物集中起来，这样就只需留神照料一个地方。

"我以绿色为基础，加入了红色及橙黄色，完全是出于个人对颜色的喜好。"今后为了让花园整体协调，准备再尝试些渐进色的植物选择。

"从一开始就不要追求完美，呈现出自己的风格是很重要的。在工作过程中会逐渐懂得各种各样的事情。不要害怕失败，去试试看吧！"

开始试着打造一座"不论是观赏还是食用都很让人享受"的花园吧！虽然可能与真正的菜地相比收获量略少，但是日复一日用爱培育的蔬菜和买来的一定有着不同的味道！

色彩明亮的草花及香草类植物渲染出华丽的角落

入口附近，为了热热闹闹地迎接来客，在前方种植了大丽花这类色彩明亮的草花。后方则种植了薰衣草及海索草等香草类植物，为了呈现出分量感，主人花费了不少心血。

高度各异的塔形花架，造就富有变化的角落。过道的另一边为了形成对比，种植了野茉莉。这样既可以避免塔形花架突兀的存在，也让空间呈现出动感。

通过使用围栏
尽情享受收获

制作架子，把葡萄牵引到围栏上，期待着葡萄在围栏上结出可爱的果实。精心计算，让百里香类的地被植物覆盖大门前通道的砖块和小方块石之间的缝隙。

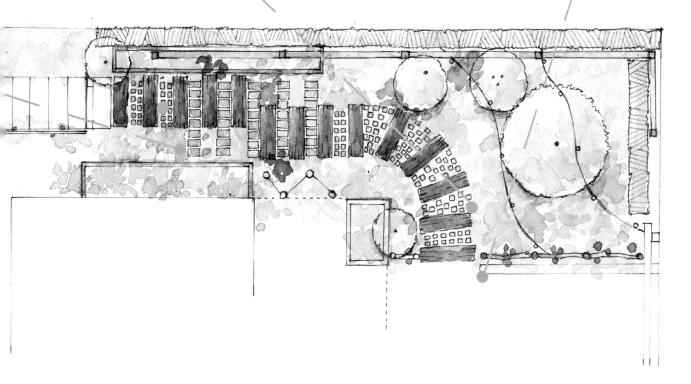

边看边学的游记
豪斯登堡vs巴伐利亚

夏日花园大搜索 **淳子vs小白**

秋风瑟瑟，
许多植物也开始进入落叶和休眠的准备。
面对满眼秋意盎然，
花友们是否还在怀念春季花海的花园呢？
这一期，花园MOOK的淳子和小白
就带大家去看看不一样的夏季花园，
领略长崎豪斯登堡的壮丽花海
和德国路德维希堡御花园的巴洛克风情。

②

③

①

④

⑤

①25 000㎡宽阔的艺术花园。以带有展望室的Domtoren大教堂为背景的画面如同印象派绘画。②"非常喜欢它在微风中摇曳的柔美姿态"——淳子大爱的山桃草。③开着白色花的朝雾草。能够和各种绿色植物搭配组合，演绎出自然风情。④毛蕊花、洋地黄、羽扇豆、美女樱等英伦风格的植物利用高低差实现了美妙的平衡。⑤飞燕草蓝色的花穗映衬出初夏的天空。柔和的色调构成了一幅美丽的风景图。

目标一： 豪斯登堡
Huis Ten Bosch

作为东京涩谷区园艺店"Pasutonn"的店主和拥有50多种月季的种植专家五十岚淳子，时隔两年之后又来到了豪斯登堡，在两天一夜的愉快旅行期间拜访了这座美丽浪漫的艺术花园。

选择的原因：英伦风格的成熟街道和谐地融入到美轮美奂的风景中，非常适合喜欢花园休闲游的花友们！

Point 1

看点一：自然有趣的花朵可以作为打造花园的参考

春季到初夏的艺术花园是以宿根草为主来打造自然浪漫的空间。进入初夏，25 000㎡的花园里到处开满了洋地黄、飞燕草和羽扇豆等，令观园的人们感觉仿佛误入到世外桃源般的空间。不同植物的色彩搭配和高低差造成的自然氛围效果出奇的好！更令人惊讶的是毛蕊花居然可以长到这么高大（笑）！果然植物光在电脑和书上观赏是不够的呀。所以为了能亲眼看到种植的效果，淳子才会非常热衷于参观花园和植物园，相信许多花友们也有同样的共鸣吧。

目前淳子正津津乐道于月季和宿根植物的品种和种植，在自家的花园里也开始进行月季和宿根草的混搭种植，这里的花朵和树叶让她大开眼界。"一直在为宿根草非花期的空白而苦恼，现在知道了可以通过添加一年生花草来过渡。在空隙里填补草本花卉的效果简直立竿见影，回家就想尝试一下！"

看点二: 从职业人的角度来看花园

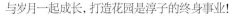

与岁月一起成长, 打造花园是淳子的终身事业!

闲逛完艺术花园之后, 淳子漫步在种植着成排枫香树的豪斯登堡宫殿中心, 向着拥有50多个品种、600多株月季的花园前进。花园中, 吸引她目光的是一株粉色的月季 '夏风'。淳子轻嗅着月季的芳香说: "我最喜欢的花就是月季。现在我家以粉色和白色月季作为主基调, 深红色系的月季为点缀来展开层次。"

欣赏完花园之后, 来到酒店的天井花园, 淳子在高大的玉铃花绿荫下享受下午茶时光。

"拥有一颗喜爱花朵、喜爱园艺的心, 所以看到哪里都觉得充满了魅力点。园艺并非是一两年就能有成果的事, 需要极大的耐心和坚持。这里的风景建筑物、树木和整体风格都需要至少10年以上的工夫才能形成。建筑慢慢带有了沧桑, 树木渐渐长成大树, 才会散发出独特的韵味。园艺是我一生喜爱的事业, 在这里我学习和收获了很多东西。"

目前艺术花园正在准备秋季的 "大丽花花园", 而沿着运河街道两边种植的英国月季和藤本月季也在生枝长叶, 迎接下一个花季的到来。

①百合、绣球和玛格丽特等粉色和紫色系的花朵装点着夏日的花坛。浪漫的混搭植栽大获女性的好评。②豪斯登堡宫殿的花园里种植着600多株月季。有果香的 '红双喜' 是淳子家也有的品种。③有着淡粉色可爱花朵的 '夏风'。淳子说: "非常喜欢这样小巧可爱的月季。"④很少见到的树木玉铃花。5月时会开出白色的花朵。⑤酒店的天井花园。随着季节和主题的变换, 不断加入各种草花元素。

①在天井花园中一边眺望花园一边品尝花草茶，"仿佛从花草树木中就能得到满满能量"。②运河两岸种植了英国月季和藤本月季，秋季会成为月季花海。那时这里将开始提供坐游船观月季的项目。③充分享受沿着运河岸边散步的乐趣，岁月积累形成的街道成熟而美丽。

②

③

①

Point 3

看点三： 四季变化的花园 + 家庭旅游

大丽花构成的花园和运河两岸的月季令人充满期待。在2天的旅行中，淳子和女儿一起沐浴在花草树木的能量中仿佛获得了新生。秋日的黄金假期是最适合全家出游的时期，漫步在运河边，看船只来来往往，悠闲地消磨时光，感受四季变化的花草树木，对于忙碌的都市人来说，这也许是偶尔才能享受到的特权吧！

秋季的观赏植物——大丽花

秋季的艺术花园主要分为颜色、品种、田园式小屋3个主题，2015年开始陆续进口了约250种大丽花。最里面的空间会种植上波斯菊，让访客能够在不断变化的花园风景中散步。

目标 二： 路德维希堡御花园
Ludwigsburg Palace Garden

选择的原因： 欧洲至今保存最完整的巴洛克式宫殿园林，是能够逛上一整天的好去处！

看点一：历史文化 艺术底蕴

  从斯图加特主火车站坐城铁只需5站就可以到达德国巴登—符腾堡州第二大城市——路德维希堡。这个只有8万多人的城市因围绕着艾伯哈特·路德维希公爵修建的狩猎宫而得名并逐步发展。虽然经过战争的洗礼，城市至今仍保持着当年的风貌，特别是路德维希堡王宫更是被完整地保存下来。尽管如此，这里的一切并没有导致当地人沉湎于过去的辉煌，从车站到王宫的一路上，小白看到的是这里的居民重视生活质量：热闹但又不太忙碌，不讲究奢华，却充满了文化底蕴。同时，这里还有被称为"德国的莎士比亚"——18世纪伟大的戏剧家和诗人席勒的故居，经常能在城里的一隅看到他的雕像。漫步于街头，在绿荫下小歇，偶尔传来远处教堂的钟声，自己也仿佛慢慢融入这座城市。

巴洛克宫殿群 Prosperity Of The Barock

这座依照法国凡尔赛宫形式、建于1704—1733年的王宫，是欧洲巴洛克宫殿中的代表性建筑。我们可以近距离地感受来自三个不同历史时期的皇家建筑风格：巴洛克时代充满奇珍异宝的宫廷教堂、用高贵典雅大理石装饰的游艺亭和狩猎亭；后来年轻的卡尔·欧根 (Carl Eugen) 公爵根据自己的喜好用轻灵的洛可可风格装饰了宫殿内部构造；到了符腾堡首任国王弗里德里希一世时，若干间宫室则被按照法国皇帝古典主义的直线风格进行现代化改建。从巴洛克到洛可可再到新古典，在这里我们就能体会到一个穿越百年的精彩之旅。（由于展馆内禁止拍照，所以只能给大家看一些外部的照片。）

科普君小白

　　巴洛克风格的特征是着重于强烈感情的表现，强调流动感、戏剧性、夸张性，常采用对角线、弧线等构图方式，并用明暗对比来描写物体及统一画面，产生戏剧性的光影和色彩。特色是重装饰、不重实用，强调左右对称，以华丽的色彩、夸张的构图为主，运用强烈的对比颜色将矫饰主义特色系统化。

　　由于拍照角度有限，可以从导游地图上看到整个王宫花园的布局（购买参观王宫的门票后，可以在售票处获得游览指南）。中央大型的喷泉配上左右对称的花境，使得远处的宫殿成为视觉的焦点，突显出当时世俗权力的宫廷趣味（如果从王宫里眺望花园的话，果真能感受到皇权的气势）。然而到了现代，从前的巴洛克花园部分被改建成英格兰风格的田园公园，重现了严谨的对称美学和繁茂的花团锦簇。小白在这个时阴时晴的日子里，有幸造访了这座花园。在德国，人们喜欢周末陪同家人一起出游。经常会看见有人捧着一本书，静静地在花园长椅上享受下午的宁静时光，或是和小孩在喷泉周围或被修剪成迷宫的灌木丛中嬉戏一番。阳光下显得晶莹剔透的大波斯菊、配上非常适合北欧凉爽气候的海棠和各色大丽花组成的花簇，让人的心情也随风起舞。

Point 2

看点二：童话花园

相比较气势宏伟的宫廷花园，小白更钟情于坐落于王宫东部的童话花园（Marchengarten）。入口处高耸冲天的迎宾梧桐和尽头若隐若现的花园喷泉，仿佛是童话王国的入口一般令人忍不住想一探究竟。童话花园里有许多可玩的元素：童话题材场景的儿童主题乐园、法式风情的古堡、鸟趣馆、玫瑰园、日式花园和橘园让小白目不暇接。此外，随着季节、节日的不同，花园里的装饰也会随之变化。玩累了，花园里还有餐厅能让游客们休息。看着树影斑驳而下，被花团簇拥着的同时点上一杯用南瓜酿成的苏打水或是来个美味的冰激凌，可以让人待上整整一天。

小白的Tips

参观童话花园是需要另外购票收费的，整个花园开放时间为每年的3月到11月。

● 巴洛克宫殿群：开放时间为每天的上午7：30到晚上8：30。

● 童话花园：开放时间为每天的上午9：00到晚上6：00。

● 门票：成人8欧元，4到15岁儿童和学生3.9欧元，20人以上团体票每人7欧元。

Point 3

看点三：特殊展览日+田园风情

在入口林荫大道的右侧是童话花园的橘园，小白又幸运地看到了当天名为"完美的色拉和鲜花"的展览。中间的玻璃温室里展出的是名为"白与黑"的园艺艺术展，盆栽和造型中大量运用了白色六出花、海棠、黑色多肉等多种植物组合搭配，展现出单色的视觉冲击效果。喜欢这样风格的花友们也可以自己尝试搭配一下。橘园的右侧是法式风情的田园小屋，首先映入人们眼帘的是颜色绚丽夺目的树月和开爆的白晶菊，走进细看，各种有机蔬菜、大花飞燕草、毛地黄、欧芹、百合、树莓、圣诞玫瑰、东方罂粟等交错种植，看似随意但又不失精心布局，每天都能有不同的收获。回到入口处，花园左侧的是有机食品展。旁边桌子上的可直接食用的蔬菜被直接种植在营养土袋里，家里有露台或院子的花友们如果想直接吃上新鲜可口的蔬菜不妨也可以用这样简单粗暴的方式种植。中间的桌子上则摆放着许多可食用的花卉，如旱金莲、万寿菊、薄荷、熏衣草等。经常推广有机食物，让健康和园艺的理念深入人心。

Point 4

看点四: 花商们的Show Time

继续向前走, 特展后面是最令小白心动不已的几块迷你花境了。在8块有限的花坛里, 几家园艺公司分别展示出了他们对当季花卉的灵活运用和对园艺的热情: 尽管所使用的海棠、美女樱、万寿菊、小雏菊都是非常常见的花卉, 然而搭配出红与紫、白与绿、黄与白等颜色的组合后, 令小小的花境显得更精致可爱。

Point 5

看点五: 多元化

不同于国内常见的单一大片花坛, 这里种类繁多、错落有致、色彩鲜艳、层次感分明的花坛在整个王宫随处可见。游客们可以观赏到不同品种植物的地栽表现, 根据自家的环境和喜好来选择种植。特意布置的童话小屋和爱米希堡 (Emichsburg) 隐没在绿色植物中。花园的设计也与时俱进, 充满多元化, 后山坡上种植了不少热带沙漠植物, 欧式水池中的野鸭和日式花园里的锦鲤吸引了不少小朋友。

Point 6

看点六: 庆典

除了逛王宫花园之外, 小白非常幸运地又碰到当地的儿童节庆典。游客不仅可以看到很多德国当地的宫廷服饰, 还能遇到许多打扮成宫廷角色的工作人员, 可以尽情地游玩一番。其实在路德维希堡, 每年复活节、万圣节等节日期间, 整个宫殿都会推出相应的节日主题。

- ❀ 最全面的园艺生活指导，花园生活的百变创意，打造属于你的个性花园
- ❀ 开启与自然的对话，在园艺里寻找自己的宁静天地
- ❀ 滋润心灵的森系阅读，营造清新雅致的自然生活

◎《Garden&Garden》杂志国内唯一授权版

《Garden & Garden》杂志来自于日本东京的园艺杂志，其充满时尚感的图片和实用经典案例，受到园艺师、花友以及热爱生活和自然的人们喜爱。《花园MOOK》在此基础上加入适合国内花友的最新园艺内容，是一套不可多得的园艺指导图书。

精确联接园艺读者

精准定位中国园艺爱好者群体：中高端爱好者与普通爱好者；为园艺爱好者介绍最新园艺资讯、园艺技术、专业知识。

倡导园艺生活方式

将园艺作为"生活方式"进行倡导，并与生活紧密结合，培养更多读者对园艺的兴趣，使其成为园艺爱好者。

创新园艺传播方式

将园艺图书/杂志时尚化、生活化、人文化；开拓更多时尚园艺载体：花园MOOK、花园记事本、花草台历等等。

Vol.01

花园MOOK·金暖秋冬号

Vol.02

花园MOOK·粉彩早春号

Vol.03
花园MOOK·静好春光号

Vol.04

花园MOOK·绿意凉风号

Vol.05

花园MOOK·私房杂货号

Vol.06

花园MOOK·铁线莲号

Vol.07

花园MOOK·玫瑰月季号

Vol.08

花园MOOK·绣球号

订购方法
- ●《花园MOOK》丛书订购电话　TEL／027-87679468
- ● 淘宝店铺地址
http://hbkxjscbs.tmall.com/

加入绿手指俱乐部的方法

欢迎加入绿手指园艺俱乐部，我们将会推出更多优秀园艺图书，让您的生活充满绿意！

入会方式：
1. 请详细填写你的地址、电话、姓名等基本资料以及对绿手指图书的建议，寄至出版社（湖北省武汉市雄楚大街 268 号出版文化城 B 座 13 楼 湖北科学技术出版社 绿手指园艺俱乐部收）
2. 加入绿手指园艺俱乐部 QQ 群：235453414，参与俱乐部互动。

会员福利：
1. 你的任何问题都将获得最详尽的解答，且不收取任何费用。
2. 可优先得知绿手指园艺丛书的上市日期及相关活动讯息，购买绿手指园艺丛书会有意想不到的优惠。
3. 可优先得到参与绿手指俱乐部举办相关活动的机会。
4. 各种礼品等你来领取。